CAOYUAN DIAOCHA YU

SHENGTAI XIUFU JISHU

草原调查与
生态修复技术

王红霞　编著

甘肃科学技术出版社

甘肃·兰州

图书在版编目(CIP)数据

草原调查与生态修复技术/王红霞编著. --兰州:
甘肃科学技术出版社，2024.8
ISBN 978-7-5424-3201-8

Ⅰ.①草… Ⅱ.①王… Ⅲ.①草原生态系统－生态恢
复－研究 Ⅳ.①S812.29

中国国家版本馆CIP数据核字(2024)第107743号

草原调查与生态修复技术

王红霞　编著

责任编辑　李叶维
封面设计　雷们起

出　　版　甘肃科学技术出版社
社　　址　兰州市城关区曹家巷1号　730030
电　　话　0931-2131575　（编辑部）0931-8773237　（发行部）

发　　行　甘肃科学技术出版社　　印刷　甘肃兴业印务有限公司
开　　本　787毫米×1092毫米 1/16　印张 14.5　字数 200 千
版　　次　2024年8月第1版
印　　次　2024年8月第1次印刷
印　　数　1~1700
书　　号　ISBN 978-7-5424-3201-8　定价 89.00元

前　言

　　自 2019 年春，草原业务划归林业部门管理，因种种原因，草原有关专业技术人员未能随迁，而基层原有林业部门又无草原相关专业人才，人才的缺乏严重制约着工作的顺利开展。草原是中国的重要国土资源，也是中国最大的陆地生态系统，在习近平新时代生态文明思想的指引下，草原是打造"山水林田湖草沙"生命共同体的重要一环。当前，草原调查监测与草原生态修复已成为基层林业草原管理部门的两项重大基础性工作，是新时期推进生态文明建设的重要抓手。针对此两项工作，结合基层专业技术人员的草原专业知识缺乏的现状，增加他们对专业知识的了解、认识与技能水平的提高显得尤为重要。为此，针对目前基层专业技术人员的认识水平，编写了《草原调查与生态修复技术》一书。

　　本书按内容可分为两部分，第一章至第五章为草原调查部分，第六章至第七章为草原生态修复部分。第一章至第四章为草原调查的基础知识。第一章为草原概况。主要介绍草原的起源、草原与草地的概念辨析、草原生态系统及其功能。第二章介绍草原的非生物环境。主要详细介绍了草原形成的三个主要条件，即气候条件、土壤条件和地形条件。第三章介绍草原植物的生物学特性。介绍了草原植物的生物学特点、草原植物的生长发育、草原植物的繁殖、更新与再生。第四章为草地资源与草地分类。介绍了草地资源组成及其特点、中国现行草地分类及特征。不同草地类型特征可为认识不同气候条件和不同立地条件下发育的具体草地及开发利用特征提供指引。第五章为草原资源调查。主要介绍了始于 2022 年的中国草原资源调查监测技术方法。草原生态保护修复技术措施主要针对退化草原开展，对草原的健康与退化评价是开展修复的前提。第六章详细介绍了草原健康状况、草原退化的评价方法、草原健康与退化的调查方法。第七章为草原生态修复技术。主要介绍了目前普遍应用的技术措施、生产实践中已成功应用的技术模式。最后，在草原生态修复研究展望内容中，针对目前生态修复中存在的主要技术瓶颈和科技发展提供的可能性，对未来草原生态修复技术研究指明方向。

　　本书可为基层林草专业技术人员认识草原、转变"重树轻草"固有观念、开阔眼界，提升业素质提供参考。希望本书读者在阅读本书过程中提出自己宝贵的意见与建议。

目　录

第一章　草原概况 ………………………………………………………1

　　第一节　草原的概念 ………………………………………………1

　　第二节　草地农业生态系统 ………………………………………7

　　第三节　草原的生态功能 …………………………………………13

第二章　草原的非生物环境 ……………………………………………19

　　第一节　气候条件 …………………………………………………19

　　第二节　土壤条件 …………………………………………………29

　　第三节　地形条件 …………………………………………………31

第三章　草原植物的生物学 ……………………………………………35

　　第一节　草原植物的类别及其生物学特性 ………………………35

　　第二节　草原植物的生长发育 ……………………………………41

　　第三节　草原植物的繁殖、更新及再生 …………………………48

第四章　草地资源与草地分类 …………………………………………53

　　第一节　草地资源概述 ……………………………………………53

　　第二节　中国草地分类 ……………………………………………58

　　第三节　中国草地分类简介 ………………………………………65

第五章　草原资源调查 …………………………………………………79

　　第一节　草原资源调查概述 ………………………………………79

　　第二节　草原调查监测 ……………………………………………79

　　第三节　草原调查监测操作技术 …………………………………81

第六章　草原健康与退化评价 …………………………………………95

　　第一节　草原健康评价概述 ………………………………………95

第二节 草原健康状况评价 ……………………………96

第三节 草原退化 …………………………106

第四节 2023年草原资源健康与退化评价技术规程 …………119

第五节 其他学者关于草地健康与退化评价方法的论述 …………125

第七章 草原生态修复 …………………………129

第一节 草原生态修复概述 …………………………129

第二节 草原生态修复主要技术措施 ………………130

第四节 退化草原生态修复技术模式简介 …………173

第五节 草原生态修复技术研究展望 ………………191

参考文献 ………………………………222

第一章　草原概况

第一节　草原的概念

一、草原的形成

草原作为一种植被类型，其形成相比森林而言，出现得较晚。草原的形成是多种因素作用的结果。其形成条件与草本植物的繁盛、地质变化造成的气候干旱、草原土壤的形成、大型草食动物的发展、人类活动等多种要素密不可分。

第一，草本植物的出现是先决条件。据考证，距今6500万年到2330万年前早第三纪，被子植物极度繁荣，第三纪后期草本植物大量出现，在干旱和北半球高纬度地区，草原植被大面积扩充，草本植物进一步繁衍进化发展，并逐步繁茂。

第二，地质与气候的变化是其形成的必然条件。喜马拉雅山脉的隆起，建立了季风环流系统的气候特点，大陆性气候加强，季节性干旱气候频繁，北半球出现温带干旱气候，热带局部地区出现适宜稀树草原的干热气候。

第三，草原大型草食动物取食大量草本植物和一些可食矮小灌木，难以消化的种子随粪便四处散布并在粪便良好的营养下快速萌芽生长，促进了草原植物的发育与生长。周而复始，草原植物茂盛生长，草原成为地球上覆盖面积最大的土地类型。

第四，草原土壤的形成。草本植物根浅叶茂，需要松软肥沃的土壤，而高大的木本被子植物为草原土壤的发育和形成创造了条件。木本植物把土壤深层少而分散的营养物质吸收到植物有机体内，在枝枯叶黄后又被分解出来，如此循环，就把土地中的营养物质集中了起来，形成了肥沃的腐殖质层；岩石风化和微生物的作用，土壤的疏松表层不断增厚，营养成分日渐丰富，为只能从土壤表层吸收养料的浅根系草本植物的发展创造良好的条件，草原便是在这样的土壤基础上形成和发展起来的。

第五，人类生产活动的干预，促进了现代意义上的草原的形成。草原作为一种植被类型，已经具有几百万年的进化历史，但是草原作为人类利用的生产资料，并具有生产功能的现代意义上的草原，却是近一万年来发生的事情。

随着原始畜牧业的出现，人类就开始了草原的利用。养殖规模的进一步扩大和放养过程中牲畜的觅食与践踏，放牧地的植物组成和土壤结构也在不断地变化，加之野生动物对草原的利用，草原原始植被逐渐被改造成以低矮丛生类和根茎类的禾草为主的当今的天然草原。

二、草原与草地的概念辨析

（一）概念辨析

由于草原分布自然地域与生产发展阶段的差异、各学科研究重点的不同以及人们使用习惯的偏好，在官方文件、科技文献、教科书中，国内外关于草原与草地术语在使用过程中造成分歧、交叉、重叠等诸多问题。为解决困扰大家的这些问题，一些学者对草原与草地名词术语进行了辨析研究，强调分析了二者使用中存在分歧、交叉、重叠等问题的原因，但是董世魁（2021）认为这些学者没有阐明在不同语境下如何正确使用这些名词术语。董世魁通过系统总结分析，得出如下结论：草原和草地的概念有广义和狭义之分，广义的定义主要为国际的农学和植被学定义以及国内的农学和法律定义，可以概括为草原和草地是同义词，主要指生长草本植物或兼有灌木和稀疏乔木，可以为家畜和野生动物提供食物和生产场所，也可为人类提供优良生活环境及许多生物产品，是多功能的土地-生物资源和草业生产基地，该定义广泛应用于林草和农业行业的政府文件、中外科技文献、教材课程等，具体使用时泛称"草原"或"草地"。狭义的定义主要为国内植被学范畴的草原定义和土地类型学范畴的草地定义，植被学范畴内的草原主要用于植被分类，其定义为半干旱半湿润区的地带性植被，由旱生多年生草本植物为主（有时为旱生的小半灌木）组成的植物群落，该定义主要用于植物地理学或植被学等学术领域，具体使用时应称其为"草原植被"。狭义的土地类型学范畴的草地定义为一种土地利用类型，是以生长草本植物为主的土地，该定义主要用于国土（自然资源）部门的土地利用分类，具体使用时应称为"草地地类"。

为使读者更好的了解国内外学者等关于草原、草地的定义，分国内和国外尽可能列出所有定义，详见表1-1和表1-2。

（二）国内定义

表1-1　草原（草地）的国内定义及学科范畴（董世魁，2021）

定义者	定义	时间	学科范畴
王　栋	草原是指凡因风土等自然条件较为恶劣或其他缘故，在自然情况下，不宜于耕种农作，也不适于生长树木，及树木稀疏以生长草类为主，只适于经营畜牧业的广大地区	1955	农学
	草地是指凡生长或栽种牧草的土地，无论生长牧草植株之高低，亦无论所生长牧草为单纯的一种或混生多种牧草，皆称为草地	1955	
任继周	草原是指大面积的天然植物群落所着生的陆地部分，这些地区所产生的饲用植物，可以直接用来放牧或刈割后饲养牲畜	1959	农学
	草原是以草地和家畜为主体所构成的一种特殊的生产资料，在这里进行着草原生产，它具有从日光能和无机物，并通过牧草，到家畜产品的系列能量和物质流转过程	1985	
	草地是土地资源的一种特殊类型，主要生长草本植物，或兼有灌木和稀疏乔木，可以为家畜和野生动物提供饲料和生存场所，并为人类提供优良生活环境和其他多种生物产品，是多功能的草业基地，不包括植被盖度在5%以下的永久禁牧地。在一般情况下草地与草原为同义词，它们之间的差别是草地指中生地境，人工管理成分较多，并有所指的某些具体地块，草原则泛指大面积和大范围的较为干旱的天然草地。仅就其农学属性着眼，因语境不同，可视为同义词互相取代	2015	

（续表）

定义者	定义	时间	学科范畴
侯学煜	草原是生长在栗钙土或黑钙土上,具有旱生特征的多年生草本植被	1960	植被学
刘钟龄	草原是生长在栗钙土或黑钙土上,具有旱生特征的多年生草本植被	1960	植被学
李博	草原是以微湿、旱生、多年生草本植物为主(有时以旱生小半灌木为主)组成的植物群落	1962	植被学
贾慎修	草原植被是以多年生旱生草本植物为主组成的群落 草原是畜牧业的组成部分,具有生产意义,植被表现了直接的、最重要的部分 草地是草和其着生的土地构成的综合自然体,土地是环境,草是构成草地的主体,也是人类经营利用的主要对象	1979 1963 1982	植被学 农学 资源学
章祖同等	草地是指着生有草本植物或兼有灌丛和稀疏树木,可供放牧或刈割而饲养畜生的土地	1992	农学
许鹏	草地是具有一定面积,以草本植物或半灌木为主体组成的植被及其生长地的总称,是畜牧业的生产资料,并具有多种功能的自然资源和人类生存的重要环境	1993	农学
胡自治	草原或草地是指主要生长草本植物,或兼有灌丛和稀疏乔木,可以为家畜和野生动物提供食物和生产场所,并可为人类提供优质的生活环境、其他生物产品等多种功能的土地-生物资源和草业生产基地	1997	农学
廖国藩等	草地是一种土地类型,它是草本和木本饲用植物与其所着生的土地所构成的具有功能的自然综合体	1996	农学
中国植被编辑委员会	草原是植被分类系统中的高级分类单位之一,是半干旱和半湿润气候条件下形成的地带性植被,以耐寒的旱生多年生草本植物为主(有时为旱生小半灌木)组成的植物群落	1980	植被学
中国大百科全书·农业卷	草原是主要生长草本植物,或兼有灌丛或稀疏树木,可为家畜和野生动物提供生存场所的大面积土地,是畜牧业的重要生产基地	1990	农学
草业大辞典	草原是指以生长草本植物为主,或兼有灌丛或稀疏乔木,包括林间草地及栽培草地的多功能的土地-生物资源,是草业的生产基地,也是陆地生态系统的重要组成部分,具有生态服务、生产建设、文化承载基地等功能。与草地有细微差别的同义词 草原是一种重要的植被类型,原指西南亚和东南欧的草原,现泛指欧亚草原,也称斯太普草原,由耐寒的旱生多年生草本植物(有时为旱生的小半灌木)组成的植物群落,根据层片结构划分为草甸草原、典型草原和荒漠草原三个植被亚型 草地是指主要生长草本植物,或兼有灌木和稀疏乔木,可以为家畜和野生动物提供食物和生产场所,并可为人类提供优良生活环境及牧草和其他许多生物产品,是多功能的土地-生物资源和草业生产基地 草地是指各种草本植物群落的总称,包括草原、草甸、沼泽等	2008 2008 2008 2008	农学／生态学 植被学 农学 植被学

（续表）

定义者	定义	时间	学科范畴
《中华人民共和国草原法》	草原是指天然草原和人工草地。天然草原包括草地、草山和草坡，人工草地包括改良草地和退耕还草地，不包括城镇人工草地	1985 2012	法学
NY/T 2997-2016	草地是指地被以草本或半灌木为主，兼有灌木和稀树乔木，植被覆盖度大于5%、乔木郁闭度小于0.1、灌木覆盖度小于40%的土地，以及其他用于放牧和割草的土地	2016	农学
GB/T 21010-2017	草地是一种土地利用类型，是生长草本植物为主的土地，包括天然牧草地、人工牧草地和其他草地	2017	资源学

关于国内草原的定义再补充2点。第一点，赵安（2021）提出：《草原法》中的草原至少应该指"天然草原（草地、草山和草坡）、人工草地（改良草地、退耕还草地、农田中的轮作草地），以及包含自然环境和人类活动在内的草地生态系统"。第二点，第三次全国国土调查划分的地类中，草地按二级类划分为天然牧草地、人工牧草地和其他草地。其中对其他草地的定义为，表层为土质，树木郁闭度小于0.1，不用于放牧的草地。

（三）国外定义

表1-2　草原（草地）的国外定义及学科范畴（董世魁，2021）

国家(地区)、国际组织	定义	学科范畴
俄罗斯	草地是以中生草本植物为主的植被类型（草甸为主），生长多年生草本植物并形成草层的陆地部分（1948）	植被学
英国	草地是畜牧业生产基地，除了中生草本植物外，还有半灌木，灌木，甚至是乔木和地衣，因此代用割草地和放牧地或天然饲料地来代替草地（1990）	农学
	草地是各种放牧地的总称，其特点是禾本科草、豆科草和其他植物结合在一起，以供家畜牧食。因此草地是指环境，牧草是反刍家畜赖以生存的食料（1960）	农学
	草地是世界少雨地区分布最广泛的一种植被类型，在温带地区草地是人们砍伐了森林后播种牧草而形成（1974）	植被学
	草地是植物群落的类型，可以是天然的或人工的，草本植物占优势，大部分为地面芽植物，例如禾本科草和豆科草，也可以存在某些灌木或乔木（1980）	植被学
	草地是用于放牧家畜的土地，培育的草地主要由禾本科草和三叶草组成，而有苔藓、地衣和矮灌丛的为未培育的草地或天然草地（1981）	农学

（续表）

国家(地区)、国际组织	定　义	学科范畴
美国	草原是广阔、平坦、干旱的土地,不适于作物和树木生长,或树木稀疏而以生长草类植物为主,只适于发展畜牧业(1945)	农学
	草原是以禾草、类禾草、杂类草或灌木等天然植被(具顶极或形成顶极的自然潜力)为特征的一种土地类型,它包括按天然植被管理,并提供饲草的天然或人工恢复的土地。这种土地上的植被适于家畜放牧采食(1974)	农学
	草原是以草本植物群落为主的一种植被类型,包括灌丛地、草地和开放的林地植被。由于干旱、沙化、盐化或过湿的土壤,陡峭的地形,妨碍了商业农场和林场的建立(1975)	植被学
	草原是以草本植物为主体的土地类型,包括温带禾草草原、热带稀树草原、灌丛地、大部分荒漠、冻原、高山群落、海滨沼泽和草甸,是世界上最大的一种土地类型(1982)	土地类型学
	草原是天然草本或灌木植被覆盖,可供家畜或野生食草动物取食的大面积土地。植被类型包括高草草原、干草原(矮草草原)、荒漠灌丛地、灌木林地、稀树草原、浓密常绿阔叶灌丛与冻原(不列颠百科全书,1999)	农学
	草原是以禾草、类禾草、杂类草、灌木等天然植被(具顶极或形成顶极的自然潜力)为特征,用于家畜放牧或野生动物采食的一种土地类型,包括草地、热带稀树草原、大部分湿地、部分荒漠和灌丛(2015)	土地类型学
	草原是以禾草、类禾草、杂类草、灌木或稀疏乔木等乡土植物(包括天然植物和栽培植物)及引种植物为主导的一种土地类型,也包括植被重建或人工恢复的土地类型(2021)	土地类型学
澳大利亚	草原是受气候、地形、土壤等诸多因素影响的,并具有序列变化特征的一类植被,其中包括草地、荒漠和灌丛植被,可根据植物群落优势种进一步细分为灌丛化斯太普草原、盐渍化荒漠灌丛、针叶灌木类林地、山间丛生禾草草地、矮草普列里草原、高草普列里草原等类型(2000)	植被学
日本	草原是草本植被的总称,根据水分条件可以分为中生草原、湿生草原、水生草原和旱生草原(1979)	植被学
联合国粮农组织	草地是进行畜牧业生产的场地,与植被学上不加利用的天然草原有所区别(1979)	
	草原或草地是生产饲草或放牧的各类土地,由永久性草地、疏林草地、稀树草原、荒漠、冻原和灌丛草地组成(2005)	农学
世界自然保护联盟	草本草地是指地表覆被以草本植物为主,灌木和乔木植物的盖度低于10%的生态系统;木本草地或稀树草原的地表覆被以草本植物为主,灌木和乔木的盖度介于10%~40%。这是以植被为基础的生态学定义(2010)	植被学
联合国教科文组织	草地是指地表覆被以草本植物为主、木本植物的盖度低于10%的土地;木本草地的地表覆被以草本植物为主,灌木和乔木盖度介于10%~40%的土地(2010)	植被学

第二节 草地农业生态系统

一、草地农业生态系统的结构

草地农业生态系统是指在一定区域的气候、水文、地貌和土壤等环境条件下，以草本植物为基础，有家畜或野生动物生存，以收获饲用植物、动物及动植物产品为主要生产目标的农业生态系统。这一系统由草地植物、动物、益害虫和微生物等共同构成，有能量转移、物质循环和信息传递。

任继周认为，健全的草地农业生态系统由3类因子群、3个主要界面和4个生产层组成。草地农业生态系统保持了植物生产层与动物生产层的有机联系，并向前植物生产层和后生物生产层扩展，草地农业生态系统的稳定发展是人类与自然和谐共处的可持续发展模式。为了更好的认识草地农业生态系统，分别介绍如下。

（一）草业系统的3类因子群

草地农业生态系统由3类因子群构成。即生物因子群、非生物因子群和社会因子群构成（图1-1）。每个因子群又包含多个子因子，且子因子间又相互作用，相互制约。

生物因子群居于核心地位，是推动生态系统发展的原动力，它包含植物因子、动物因子和微生物因子，并且分别扮演着生态系统生产者、消费者和分解者的角色，而这些角色又共同组成生态系统中的动力系统。

非生物因子群指生态系统的自然立地条件，包含大气因子、土地因子和位点因子。大气因子包含一切对生态系统发生作用的气象要素，水热两项居基础地位，并构成草地的地带性格局。土地因子在地质构造的基础上，在大气因子的制约下发生、发展。土地因子含有地形和土壤两大要素，地形影响局部的水热再分配，土壤是生物的载体，是在一定生物环境下形成的，因而土壤受生物因子的影响又作用于生物因子。位点因子是指该生态系统所处的地理坐标，是交通的通量评价和资源密度等的函数，是人类对生态系统实施干预时首先考虑的因素。在全球趋向一体化的商品经济时代，作为一个农业生态系统，位点因子往往居于系统发展的关键地位。

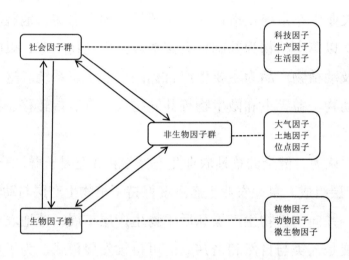

图1-1 任继周草地农业生态系统的3类因子群

社会因子群是草地农业系统所处的社会立地条件，包含系统所处社会的科技水平、生产水平、生活水平、劳动力分布与素质等。它们影响草地资源的开发程度和生产效益。社会因子群既表征草地生态系统的品格现存量，也预示草地生态系统的发展趋势。这对判断该系统的发展前景及存在的风险至关重要。

非生物因子群决定系统的立地环境，是该生态系统能否生存的自然条件。社会因子群决定着该生态系统能否发展的社会环境。缺乏适当的自然立地条件，草地农业生态系统将无以生存；缺乏适当的社会立地条件，草地农业生态系统将失去其农业属性和发展前景。

以上3类因子群通过若干界面的复杂作用，导致草地农业系统的进化，完成草业科学的构建和发展。

（二）草地农业系统的3个主要界面

草地农业生态系统含有许多子系统，这些子系统各有自己的界面。脱离界面，原来的生态系统即失去其原本内涵，系统也不复存在。因而界面是此系统与彼系统的分界线。但界面又是系统与外界联系的通道，能流、物流、信息流都要通过界面出入系统，以完成生态系统的开放功能，并与其他系统发生系统联系。界面具有分隔与联系的双重作用。界面是各个子系统之间相互作用的区域，是系统最活跃、最敏感、功能最密集的部分。其中，最重要的界面有3个（图1-2），草地农业发源于地境-植被界面（界面A），经过草地-家畜界面（界面B）；达到草畜-市场界面（界面C），草地农业生态系统于是最后完成。每一个界面都导致草地农业生态系统的进化，形成新的高一级的系统。

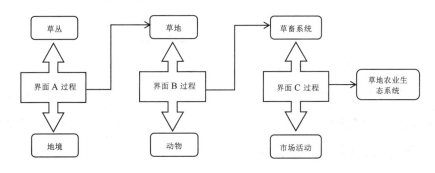

图1-2　任继周草地农业生态系统的3个界面

（三）草地农业系统的4个生产层

草业包含4个生产层（图1-3）。①前植物生产层：其产品是草地景观，如风景、水土保持、自然保护区等，以草地资源这一综合体展现其生产价值，而不以取得的植物或动物产品为主要目的。随着经济的增长和文化的发展，这个生产层必将为社会带来难以想象的巨大效益。②植物生产层：以牧草等饲用植物为产品，传统的种植业生产手段（如育种、灌溉、施肥、耕作等）可以大幅度改变或提高其生产水平。③动物生产层：以草食动物，特别是反刍动物为主，把植物有机物转化为毛、肉、奶、皮、畜力及动物本身，从而取得产品，这是草业生产的重要部分，它所蕴藏的经济效益一般不低于植物生产层。人类可以通过品种改良、科学饲养、种群组合等措施大幅度提高生产水平。④后生物生产层：该层以草地植物、动物产品为对象进行加工、流通的生产过程，其蕴藏了比前3个生产层更为巨大的经济效益和社会效益。

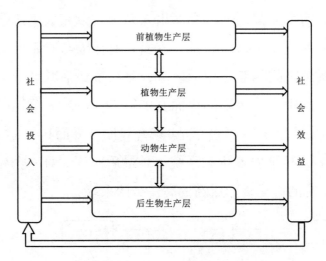

图1-3 任继周草地农业生态系统的4个生产层

从上述4个生产层来看，草业突破了传统农业中以植物生产为主的种植业模式，也突破了以动物生产为主的传统畜牧业生产模式。它将两者紧密结合起来，赋予了全新内容。它向前延伸，承担了环境保护和建设的任务；又向后延伸，加强了农业的整体社会经济功能。我们通常遇到的经济建设与环境建设难以协调的问题，在草业中得到圆满统一，这就为农业持续发展开拓了新途径。

二、草地农业生态系统的功能及特征

（一）开放功能

草地农业生态系统的开放功能表现为通过光合作用获得日光能、水分、矿物元素及支持性能量输入（如人为措施下的肥料、机械能的输入），以维持并充实系统的生存与运动，同时又把植物或动物有机物输出系统之外，在生态系统的能量与元素的流动交换中实现产品交换和产品加工，以取得生产效益。开放功能还表现为通过农业管理措施及其他科学技术手段等对系统施加影响，提高生产水平。开放功能利于加速系统能量和元素周转速度，使生态系统保持旺盛生机，生产水平得以提高。

（二）自我调节功能

草地农业系统内各组分之间及各个亚系统之间，可以通过自我调节实现相互适应，从而形成全系统对生存环境的适应。这种调节适应来自生物体本身的可塑性，如生物种群的数量和结构具有一定的调节能力。这是自然生态系统适应调节的主要方式。除此之外，草地农业生态系统在人为经营模式下，通过改变非生物条件调节生态系统的适应性。草地农业生态系统结构越复杂，物种数目越多，自我调节能力越强，抵抗外来干扰的能力就越强。如采用多种牧草种混播建立的栽培草地比单一牧草种单作的产量高、抗病虫害能力强。

（三）反馈功能

系统在生存与运动中所制造的后果可以反作用于系统自身，从而对全系统的各个组分产生相应的影响。这种全系统的自我检测与反馈是保障各组分与各功能之间协调发展并保持其适应功能的基本条件之一。土壤-植物系统就是这种相互作用、互惠互利的一个实例。土壤结构、土壤肥力的性质影响着其上生长的植物，影响着对应动物的生长状况。所以说有什么样的土壤就有什么样的植被。植物生长状况直接影响土壤肥力状况。良好的根系发育可增加土壤渗透性，减少水土流失，提高土壤有机质含量。土壤承载的植物枯枝落叶和动物残体，经过土壤微生物和无脊椎动物的分解和同化作用转化为土壤腐殖质，增加了土壤有机质含量，为植物生长和根系发育提供了各种营养物质，而缺乏植被覆盖和保护的土壤会发生逆行退化。

（四）营养体利用和籽实利用并存的特征

传统农业以收获籽粒为目的，籽粒产量越高越好。栽培作物必须完成整个生育期才能获得经济产量（专指籽粒产量）。中国传统农业的经济收获量平均不到12.5%，即便在精耕细作条件下也不会超过25%。营养体农业是指以收获植物叶、茎等营养器官为主要目的的农业生产方式，如牧草、青饲料、茎类植物等。在这种利用方式下，植物在光合效率最高，植物生物量达最高前收获，阻止了光合效率下降、叶片和个体逐渐走向衰老的生育后期的出现，无需耗费能量将光合产物转化为糖类、蛋白质、油脂运往籽粒，避免对光合产物的呼吸消耗；生长期内，通过多次刈割，植物始终保持在年轻状态，使太阳辐射光能得到较为充分的转化，显著提高了光能利用效率（参见表1-3）。禾谷类作物如水稻生产的光能利用率仅为0.5%左右，而其在生育中期可高达3.7%。在生长季短、海拔高、热量不足的地区，作物籽实生产几无可能，但植物营养体的生长却不受这些因素的限制。

营养体农业生产方式在中国的提出和应用，摆脱了传统的单一籽实农业生产的束缚，解释了草地农业系统可能实现生物量和营养物质大幅度提高的生物资源、气候资源和土地资源基础。由此可见，营养体农业和籽实农业并存是草地农业系统的特征之一。营养体农业和籽实农业并存对促进饲草饲料资源开发，解决人畜共粮而导致的饲料粮短缺的问题，实现农业结构合理调整，促进生态环境建设，都发挥着重要作用。

表1-3　籽实农业与营养体农业收获产量的比较（引自刘国栋等，1999）

测定内容	黑麦草营养体	大麦籽粒	黑麦草营养体与大麦籽粒的比值
产量/(kg/hm²)	6579	3000	2.5
每年收获次数	2~3	1	2.2
粗蛋白质产量/(kg/hm²)	1756	345	5.1
粗脂肪产量/(kg/hm²)	461	93	5.0
碳水化合物产量/(kg/hm²)	5409	1947	2.8
Ca/(kg/hm²)	83	5	16.6
P/(kg/hm²)	31	4.4	7

三、草原生态系统服务功能

草地作为家畜和野生动物采食和栖息的地方，自然具有畜产品等生产功能。同时，草地作为具有多种资源的土地，既有重要的经济生产功能，还有重要的生态功能。Costanza 等（1997）将生态系统服务划分为17类，分别是：大气化学成分调节、全球温度和降水等气候调节、干扰调节、水文流调节、水供应、控制侵蚀和保持沉积物、土壤形成、养分的贮藏获取和循环、废物处理、传粉、基因资源、避难所、生物种群的营养动力学控制、原材料生产、饲草和食物生产、游憩和娱乐、文化。赵同谦等（2004）将这17类服务功能划分为产品提供功能、调节功能、文化功能和支持功能四大类。其中产品提供功能可分为畜牧业产品和植物资源产品两类；调节功能则包括气候调节、土壤累积、水资源调节、侵蚀控制、空气质量调节、废弃物降解、营养物质循环；文化功能主要包括民族文化多样性和休闲游；支持功能则包括固沙改土及培肥地力和生境提供。胡自治（2005）在 Costanza 等（1997）划分的生态系统服务项目的基础上，根据草原/草地生态系统的产品和生命系统支持功能的具体情况和特点，进入市场或采取补偿措施的难易程度，以及资料、数据的可利用情况，将草原/草地生态系统服务的内容划分为15项：大气成分调节、气候调节、干扰调节、水调节、土壤形成维持土壤功能、养分获取和循环、废物处理、传粉与传种、基因资源、避难场所、生物控制、原材料生产、饲草和食物生产、游憩和娱乐、文化艺术。在全球气候变暖、环境问题日益严峻的今天，综合考虑草地的生态系统服务功能显得日趋重要。

第三节　草原的生态功能

由上节我们知道，草原生态系统具有调节和支持功能，即我们常常讲的生态功能。生态功能与我们每个人的生活息息相关。在各国重视生态环境建设的前提下，草原的生态功能显得尤为突出，本节我们详细叙述一下草原的生态功能。

草原具有防风固沙、保持水土、改良土壤、调节气候、固碳和维护生物多样性等生态功能，是全球可持续发展的重要保障。

一、防风固沙

草原防风固沙功能表现在3个方面，一是抗风蚀作用；二是固沙作用；三是防沙尘暴作用。

（一）抗风蚀作用

地面的抗风蚀能力与表面的粗糙程度有关，草原植被可增加地表的粗糙程度，影响近地表风速，植被越茂密，减少风蚀作用越强。研究表明，当植被盖度为25%~45%时，近地面风速可削弱45%。在中国北方农牧交错区夏季，当平均风速大于5.5m/s（和风）时，在裸地上就会发生土壤风蚀现象，而当植被盖度大于17%时，要产生风蚀现象，风速必须达到8m/s（清劲风）以上。对青海共和盆地干草原的研究认为，植被盖度35%的缓起伏草地和植被盖度在25%左右的半固定沙丘处于轻度风蚀与堆积状态，而植被盖度10%的半流动沙丘表面风蚀与堆积作用强烈。中国农业大学在河北坝上的研究表明，不同土壤覆盖类型及耕作措施土壤的风蚀情况不尽相同，多年生人工草地的风蚀程度最小，秋耕地的土壤风蚀情况最严重。

（二）固沙作用

据研究，北方草地防风固沙能力为每年每公顷32.44t，北方草地防风固沙量为89.22亿t/a。草原的固沙作用与植物有关。草本植物是绿色植被的先锋，随着流动沙丘草本植被的生长，植被盖度逐渐增大，沙丘地形逐渐变缓、沙面变紧，地表形成薄的结皮，成土特征明显。沙丘逐渐由流动向半固定、固定状态演替，最终形成固定沙地，土壤表层有机质逐渐增加，物理、化学性质显著变化。防治荒漠化的技术措施中植物治沙是最有效的，在干旱、风沙、土壤贫瘠等条件下，林木生长困难，而草本植物却较易生长。干旱区天然草原在其漫长的生物演化过程中已成为蒸腾少、耗水量少、适于干旱区生长的植被类型。在中国新疆4.23km×105km的沙漠中25.43%为草灌形成的半固定和固定沙丘。草原植被抗风沙的作用表现在草原和荒漠植被低矮，每丛植株的背风面都能阻挡留下很多的流沙，能有效降低近地面的风沙流动。风沙地区的干旱草原植被，通过降尘、枯枝落叶、分泌物、苔藓地衣等的作用，地面皮层形成能力就会逐渐增强，减少和避免土壤破碎和吹蚀，形成结皮，促进成土过程。

（三）防治沙尘暴

草原防治沙尘暴的作用都与地理背景有关。沙尘暴产生沙源的地理背景都是与草原和荒漠地区的环境破坏相关联。历史上，美国和俄罗斯发生黑风暴主要都是因为半干旱草原地区植被的破坏。美国20世纪30年代发生的"黑风暴"，以及中国春季经常肆虐北方的沙尘暴，都是发生在干旱半干旱的草原与荒漠地区，而不是发生在降水丰富、气候湿润的森林区。中国有2个沙尘暴多发区，主要集中在南疆的塔克拉玛干沙漠及其周边地区，北疆的准噶尔盆地南沿、甘肃河西走廊、内蒙古干燥沙漠及青海柴达木盆地，对京津地区影响较大的主要是内蒙古中部和河北北部约25万km²的地区。它们的共同特点是土壤基质较粗、气候条件比较恶劣，年降水量350mm以下，自然植被主要是草原。由于自然条件严酷，再加上人类长期不合理利用，土地退化，土壤结构破坏严重，有机质降低，土壤沙化，极易引起风蚀。中国农业大学在河北坝上的研究表明，随着草原植被覆盖度的增加，风蚀模数下降，当植被盖度达70%时，只有6级强风才可引起风蚀。

二、保持水土

草的水土保持功能十分重要，在许多情况下，它比树的作用更突出。根系对土体有良好的穿插、缠绕、网络、固结的作用，能阻止土壤受雨水冲刷。实验表明，直径≤1mm的根系才具有强大的固结土壤、防止侵蚀的能力，而草的根系发达，且主要都是直径≤1mm的细根，所以草具有强大的水土保持功能。另外，草本植物大量的地表茎叶的覆盖，可以减少降雨对地表的冲刷。

天然草地比裸露地、农田和森林有较高的渗透率。据测定，在相同的气候条件下，草地土壤含水量较裸地高出90%以上。根据黄土高原水土流失区的测定资料，农田比草地的水土流失量高40~100倍；种草的坡地与不种草的坡地相比，地表径流量可减少47%，冲刷量减少77%；小麦、高粱、休耕地与原生草地的土壤侵蚀量的对比研究表明，原生草地的土壤侵蚀量几乎微不足道，而麦地的土壤侵蚀量每公顷达到近1200kg，高粱地上的土壤侵蚀量每公顷超过2700kg，休耕地的土壤侵蚀量每公顷也达到1700kg。生长2年的草地拦截地表径流和含沙量的能力分别为54%和70.3%，是生长3~8年的林地拦截地表径流和含沙能力的58.8%和28.5%。可见，草原生态系统的水土保持功能是十分显著的。

三、改良土壤

草地改良土壤的功能显著。草地植被在土壤表层下面具有稠密的根系并残留大量的有机质。草地中的豆科牧草根系上生长大量的根瘤菌，能固定空气中的游离氮素，为草地生态系统提供氮肥。据研究表明，以豆科牧草为主的草地平均每公顷每年可固定空气中的氮素150~200 kg，如生长3年的苜蓿草地每公顷可固氮150kg，其相当于330kg的尿素。在苜蓿根系中，主要营养元素含量百分比为：氮2%，磷0.7%，钾0.9%，钙1.3%。这比禾谷类作物根系含量高3~7倍。同时，草地植物根系中的矿质元素，在吸收、积累、分解的过程中，对土壤碳酸钙淋溶与积淀、钙积层形成和黏土矿物形成都有一定作用。

四、碳汇功能

草原具有碳汇功能。草原生态系统的碳储量主要包括植被碳储量和土壤有机碳储量。植被碳储量包括地上和地下生物量碳储量。据初步估计，世界范围内的碳储备，森林占39%~40%、草地占33%~34%、农田占20%~22%、其他占4%~7%。中国草原生态系统的碳储量约占到全球草原生态系统碳储量的7.7%，其碳密度高于世界平均水平，在世界草原生态系统碳储量中占有重要地位。草原生态系统的碳储量主要集中在土壤层，约占到总碳储量的90%，高寒草原的土壤碳储量甚至可以高达95%以上。

五、调节气候

草地作为地球的"皮肤"，还具有净化空气、维持碳氧平衡和调节气候的功能。草地植物吸收二氧化碳，释放氧气。同时，草地可截留降水，比裸地有较高的渗透率，对涵养土壤中的水分具有积极作用。据试验，冰草草地的降水截留量可达50%。由于植物的蒸腾作用，草地具有调节气温和空气湿度的能力。与裸地相比，草地上湿度一般较裸地高20%左右。由于草地可吸收辐射到达地表的热量，故夏季地表温度比裸地低3℃~5℃，而冬季相反，草地比裸地高6℃~6.5℃。

六、生物多样性

草原生态系统孕育着极其丰富的生物，主要表现在生态系统的多样性和物种的多样性。按照中国草原分类标准，中国各类草原和草地纵跨热带、亚热带、暖温带、中温带和寒温带5个气候热量带，南北相距纬度31°，东西横越经度61°，海拔从−100~8000m，年降水量从东部的2000mm向西逐渐减少至50mm以下。按地域植被特征，可以概括为草甸类、草原类、荒漠类、灌草丛类和沼泽类，并形成了丰富多彩的各类草原生态系统。

中国草原以温带草原为主，是最重要的动植物资源库，从温带草原到高寒草原再到荒漠草原，中国分布有地带性的针茅属植物23种6个变种及其特有的伴生种。经全国草地资源调查，中国草原饲用植物6700余种，其中种子植物4000种、草原野生珍稀濒危物种83个种、特有饲用植物493个种，分属5个植物门246个科1545个属，约占中国植物总数的25%。纳入到《中国珍稀濒危植物保护名录》的389个亟待保护的物种中，草原植物有29科51种以及3个变种，占全部名录保护的13.9%。

中国草原拥有大量世界著名优质牧草的野生种和伴生种，中国新疆地区是世界苜蓿起源中心的组成和九大变异中心之一。猫尾草、无芒雀麦、鸭茅、红豆草、三叶草、百脉根等著名优良牧草在中国草原地区均有亲缘种和近缘种分布。禾本科牧草在中国草地饲用植物资源中，分布最广、参与度最高、饲用价值最大。据调查，中国天然草原有禾本科牧草210个属1148种，分别占中国禾本科植物属、种总数的96.8%和88.6%。在中国天然草地上起优势作用的禾本科牧草135种，占天然草地优势饲用植物总数的42.59%。此外，在草原植物中具有药用价值的种植资源达6000余种，可加工制作食品的物种近2000种。

除了植物物种，草原上繁衍的野生动物2000余种，其中40余种属国家一级保护动物，30余种属二级保护动物，此外还有250多个放牧家畜品种，它们既是珍贵的自然资源，也是重要的经济资源。

第二章 草原的非生物环境

草原生态系统由3类因子群构成，其中非生物因子群也就是非生物环境包含大气、土地、位点3个因子。大气、土地、位点3因子在本章中我们分别称为气候条件、土壤条件和地形条件。本章详细介绍各因子对草原形成与发展的作用。

第一节 气候条件

草地发生学的理论认为，以水热为主导的气候条件是草地类型形成的关键因素。气候不仅决定着草地的类型、性质、分布，而且对草地的生产力和利用潜力产生深刻的影响。在气候条件中，降水、温度、光照、风等是最基本的要素。在生态系统研究中，往往把以上基本气候要素称为气候因子，如水因子、温度因子、光因子、风因子等。它们相互作用，共同对草地产生综合影响。对天然草地而言，降水和温度是主要的制约因素。

一、降水

尽管草地是在干旱缺水的条件下发育形成的，但水却是草地生产力和草地环境得以维持的基本条件。降水有两种形式，降雨和降雪。在北方草原地区，降雨主要集中在7、8、9三个月，占全年的50%~70%。降雨高峰期与温度高峰期相吻合，决定着草原植物群落的组成和分布，构成草原生产力的基本特征。降雪对草地生态十分有利，积雪在一定程度上避免了草地风蚀。雪水是北方草原区冬、春季家畜和野生动物饮用水的主要来源，但如果降雪过多、积雪过深、积雪时间过长或无降雪，往往对草地畜牧业生产和草地生态平衡产生重大负面影响。近年来，由于全球气候变暖，草原上降水格局发生了明显变化，干旱、洪涝等灾害频繁发生，对草地生态保护提出新的挑战。

（一）水对植物的作用及草地植物的生态适应

1.水对植物的作用

草地植物的一系列生物、生态学特征都与水有直接关系。年降水量、降水强度、相对湿度、降水月分配和降水年变率等对草地植物都有重要影响，而且这些因素决定着植物的水分平衡。

草地植物在整个生长过程中，只有维持体内的水分平衡，才能保证形成较高的生产力。植物的水分平衡是指植物的水分收入（根吸水）和支出（叶蒸腾）的平衡。只有当水分的吸收、输导和蒸腾三个方面的比例适当时，才能维持良好的水分平衡。

2.草地植物的生态适应

草地植物生态适应性的主要表现是抗旱性。大多数干旱草地植物都有不同程度的抗旱性。其抗旱性主要通过增加水分吸收和减少水分损失两个途径来实现。抗旱性强的植物具有相似的形态特征和生理特征。在形态上，一般根系发达且入土较深、根冠较大、叶片细胞体积小、叶脉致密、单位面积气孔数目多，以及植物体表具茸毛、蜡质、增厚的角质层等；在生理上，主要通过调节细胞液渗透压，提高抗旱性。

根据对水分适应能力的不同，草地植物被分为旱生、中生和湿生三种类型。旱生植物是生长在干旱环境中，在较长时间的空气干旱和土壤干旱条件下仍能维持水分平衡和正常生长发育的一类植物，依据抗旱能力由弱到强，分为中旱生植物、真旱生植物、强旱生植物、超旱生植物四个类型。旱生植物大多具有很强的抗旱能力，是草地管理和生态保护的重要对象，是极其重要的植物资源。中生植物具有一定的抗旱能力，可以抵御短时间的轻度水分缺乏。许多中生植物的第一性生产能力、环境适应性和质量都比较适中，生产潜力很大。

（二）草地土壤水分及其重要意义

草地土壤水分具有重力水、毛细管水和吸附水三种存在形态。这几种土壤水相互作用，对植物起到不同的生态作用。一般在刚刚降雨后，当土层渗水和保水性良好时，土壤中含有大量的重力水。重力水下渗速度很快，大部分没有机会被植物吸收利用。毛细管水是充满土壤颗粒间由小孔隙组成的毛细管，不受重力的影响，不会因重力的作用而向下移动，靠水的表面张力进行维持，成为毛细管悬着水。毛细管水是土壤水分的主体，植物能够利用的土壤水绝大部分是毛细管水。吸附水是植物不能吸收利用的土壤水分，但对植物的生存却必不可少。

土壤质地与土壤持水力密切相关。一般沙质土吸水快，水的运动速度也快，表现为持水力差；黏土吸水慢，水的运动也慢，表现为持水力强；壤质土介于二者之间。团粒状土壤兼有沙土和黏土的双重特性，最有利于水分的吸收、保持和利用。

土壤水分除了参与植物的生理活动，构造植物体本身外，还具有重要的生态意义。其表现：①植物所需要的水分，绝大部分来自土壤，大部分降水要先经过土壤的吸收和保存才能被植物长期利用。②土壤水分是植物各种营养物质的良好溶剂，几乎所有的土壤营养物质都是以水溶液的形式被植物吸收和运输。在干旱草原上，由于土壤水分不足，土壤养分的作用往往难以发挥。③土壤水分参与土壤物质的转化过程。有机态物质的矿化只有在水热条件适宜时，才有较高的效率。④由于水的热容量很大，通过土表蒸发，避免了土壤温度本身的剧烈变化，起到调节土壤温度的作用。⑤水分通过植物蒸腾对植物本身内外环境进行有效调节。⑥土壤有效水是各类草地生产力形成的关键。

（三）降水量与草地类型分布

不论是在全球范围内还是在中国国内，草地大都分布于降水量相对较低的区域。据研究，降水量不同，草地类型、草地的生产力、载畜量水平差别很大。

草地的生产力主要由年均降水量来决定。虽然其他因素如温度、光照等也会影响，但对多数天然草地来说，温度并不是生产力的主要限制因素，而降水量才是起关键作用的。据研究，即使是在青藏高原的高寒草地，年均降水量仍起关键作用。

降水对草地形成的影响，不仅在于年均降水量，降水的季节分配和水热的平衡协调也对草地有着影响。例如全年降水分布均匀的赤道带，发育常绿热带雨林，而在热带中具有一定干旱期的地方，虽然水、热总量相似，却发育成热带季雨林。中国东南沿海雨量集中于夏季，是常绿阔叶林地带，但同纬度的地中海沿岸冬季降雨、夏季干旱，是常绿硬叶灌木林地带。欧亚荒漠带由于东、西部年降水量分配的差异，东部降水以夏季最多，西部季节分配比较均匀，形成蒙古与中亚两种分配模式，从而使东、西部荒漠草地性质发生明显差异。

降水量不能孤立地决定草地类型及其分布，关键在于地区的水热平衡状况，即降水与蒸发强度的比率，能用于植物生长的有效水分的多少。亚热带荒漠区的降水超过温带森林区，由于前者蒸发大大超过降水，所以发育为荒漠。

二、温度

草地植物生长发育的每个阶段，都只有在持续一定时间的适宜温度水平下，才能开始和进行。从植物的生长环境角度考虑，温度包括气温、土壤温度和水温，其中气温和土壤温度对草地植物有直接的意义。

不同植物在对温度的长期适应中，形成了比较固定的温度要求，包括生长的最适温度及可以忍耐的最低温度和最高温度，即为植物生长的温度"三基点"。在"三基点"温度范围内，植物的生长速率会呈典型或非典型的正态分布。而植物的阶段性发育则和温度的积累有关，即一定的积温条件下促进植物的发育分化。草地植物对不良环境的抵抗力，在很大程度上指对低温和高温的抵抗力。在一般情况下，天然草地植物对生长地的温度条件已形成长期适应，能在一定的温度变化中正常生长发育。许多情况下，温度对植物不是单纯起作用的，常同水分、湿度、风等因素配合起作用。所以，不论在研究中还是在生产中经常把温度条件和其他条件同时考虑。

草地温度的变化主要是气温变化，进而影响到土温的变化、水分蒸发和植物水分蒸腾等。

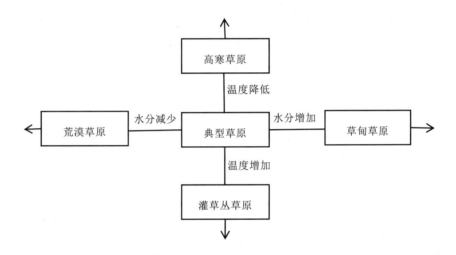

图 2-1 中国温带草原类型的形成与温度、水分的关系

（一）温度与草地形成的关系

温度与降水、日照等因素配合，构成了区域草地的主要气候特征。温度和降水的配合，决定了草地类型的形成和分布。多数情况下，草地类型在经度方向上的变化，主要由降水和湿度因素控制；在纬度和高度方向上的变化，主要由降水和温度因素共同控制。

图2-1表明了中国草地在温度和降水控制下的空间分布变化序列。横轴代表水分的作用，纵轴代表温度的作用，典型草原处于核心位置，在草地中最具代表性。以此为出发点，向右代表水分增加，中生化过程加强，形成草甸草原，进一步会形成森林、草甸或沼泽；向左代表水分减少，旱生过程加强，形成荒漠草原，进一步会形成荒漠；向下代表热量

改善，草地中喜暖的灌草丛增加，形成灌草丛草原，分布于典型草原的南侧；向上代表温度降低，海拔增高，适应低温、冰雪、强紫外辐射的植物增多，形成高寒草原。该图既反映了中国各类型草地的生态特点，又代表了其地理分布和类型间的相互关系。

（二）气温变化与纬度、地形的关系

气温变化有日较差和年较差。不同草地的植物，对温度的日较差和年较差都有着不同的适应对策。在一年内，温度变化四季分明，草地植物只在暖季才能生长，表现出明显的"春华、夏茂、秋黄、冬枯"季相。

影响温度变化的因素是多方面的。一般随纬度升高，气温日较差和年较差都逐步增大。气温日较差的大小随纬度、季节而变化，又和地表性质、天气情况有关。气温年较差在低纬度地区很小，仅1℃~2℃；中纬度地区气温年较差增大，一般可达10℃~20℃；高纬度地区气温年较差可达30℃以上。草地上气温年较差也随地形和地面状况不同。一般来说，气温年较差凸形地小于凹形地；植被覆盖地区小于裸地。

海拔高度对气温的影响也很强烈。一般情况下，海拔高度每升高100m，气温降低0.5℃~0.6℃。山体上植物垂直分布带的形成与此有关。

不同的地形对气温有不同的影响。一般在坡向上，南坡气温通常要高于北坡。在平原地区，大气对流层的温度是随着高度升高而逐渐降低的。而在地形比较复杂的山地、封闭的谷地、盆地中，空气与地面接触面大，白天增热剧烈，加之地形闭塞，通风不良，不易散热，气温要比平地高；夜间，冷空气下沉，沿着坡面向下运动，将暖而轻的热空气托起到上部，从而形成上部气温高、下部气温低的逆温层现象。逆温现象在冬季的早晨经常可以看到。出现逆温现象，大气层很难上下搅动，处于稳定状态。

（三）土温变化规律

土壤温度对植物的生长发育有着与气温同样重要的影响，它不仅对植物地下器官产生直接作用，也是气温变化的重要调节器。土壤温度的变化规律与其理化性质密切相关。在植物生长季节，白天裸露表土的温度往往高于气温。如在干旱的荒漠地区，中午和午后的表土温度有时比气温高出20℃以上。夜晚的土壤温度会略低于气温，最低值出现于将近日出的时候。

土壤温度的年变化动态，一般服从于大气温度的变化规律。在草地集中分布的中、高纬地区，夏季昼长夜短，土壤贮藏热量增加，表现为土壤温度升高，土壤升温的深度越来越深；冬季昼短夜长，土壤接受的太阳辐射较少，土壤的热量散失大于热量的积累，表现为土壤温度由深层到浅层的逐步降低。越接近土表，土壤温度的变化幅度越大。

草地土壤的局域温度差别大，对牧草返青、枯黄、物候期、植物种群分布等都有不同影响。

三、光照

草地上的光照来源于太阳辐射。太阳辐射光波波长主要集中在150~4000nm的范围内，其中可见光波长在380~760 nm，其能量约占太阳总辐射能的49%。可见光的大部分能量被绿色植物吸收利用，被称作生理辐射。其中的红黄光和蓝紫光，可以被植物的叶绿素吸收，用于光合作用，称为生理有效光。绿光则被植物全部反射或透射，不能被植物吸收利用，因此称为生理无效光。紫外光在太阳辐射能中所占的比重只有1%，它能杀死原生质，并可以抑制植物某些生长激素的形成，因此具有抑制植物茎生长的作用。青藏高原草地植物普遍低矮、短小，与紫外光照射强烈有关。波长在290~380 nm的紫外光能够到达地面，其余大部分在大气层的外围就被臭氧层吸收。红外光和远红外光在日光中所占比重最大，约占太阳总辐射能的50%，在提高环境和生物体温度方面起主要作用。其波长越长，增热效应越大。地表增热基本上是由红外光所产生的。对高等植物来说，红外光能够促使茎的延长生长，促进种子的萌发。

天然草地植物对光照的适应性，使群落产生了成层现象，表现出垂直结构特征。需要强光和直射光的植物主要生长在群落上层；需要透射光或散射光的植物往往生长在群落底层。

（一）光照强度及其对植物的生态作用

1.光照强度及影响因素

光照强度指单位时间投射到单位面积上的太阳辐射能量，用J/（cm²·min）或J/（cm².s）表示，太阳光线与地面的入射交角，称作太阳高度角或入射角，变化为0°~90°。入射角越高，太阳辐射穿越大气层的路径越短，大气层对太阳辐射的削弱作用就越小，单位面积光照强度越大。一般太阳入射角在低纬度地区较大，而在高纬度地区较小，因而在低纬度地区获得的太阳辐射能比高纬度地区多。在同一地区，海拔越高，太阳辐射就越强烈；山地中阳坡获得的光照强度较阴坡大。不同地区和地表不同部位，日照时数越长，太阳辐射量越大。

2.草地植物群落内部的光照强度

照射到地表的阳光，进入草地植物群落中后，由于构成草地的各类植物对光的吸收、反射和透射作用，往往使群落内部的光照情况发生很大的变化。一般来说，生长良好的草地照射到叶面上的光有70%~75%被叶片吸收，有20%~25%被反射，透射下来的光为2%~10%（很少超过10%）。不同植物及植物的不同部位，对光线吸收、反射、透射的能力有很大不同。植物叶片对红外光反射量达70%；对红光波段的反射仅为3%~10%；对绿光反射10%~20%；对紫外光反射不超过3%，大部分被叶片截获。在可见光中，红橙光的80%~95%可被叶片吸收，而对绿光的吸收很少。

草地群落的组成与结构不同，对于光的反射、透射、吸收也有差别。在群落内部，由于植物叶片相互重叠和镶嵌排列，在某一固定点的直射光照射时间常常是不连续的。在多数草原群落和荒漠群落，结构较简单，植物分布相对稀疏，易于阳光的直接照射，群落内部光照强烈。

光照一般不会成为植物生长的限制条件。但栽培草地和高产饲料地，内部光照强度常常有很大变化，受植物种类、配置方式、管理手段、生长阶段等多方面的影响。

3.光照强度的生态作用及植物的光生态适应

植物细胞的增大和分化，细胞的分裂、伸长、重量增长和叶绿素的形成都与光照强度有关。

光照强度还通过对环境温度和水的作用对植物产生影响。一般在同一地区或同一地块，光照越强，升温越快。温度升高，使多数草地植物的生理耗水和环境耗水量增大。这些综合的生态作用，是植物群落多样性形成的重要保证。

光对植物的生态作用是一个复杂的过程，常通过生理作用进行反映。我们比较熟悉的阳性植物和阴性植物等，就是根据植物的光适应划分的。阳性植物通常在全日照环境中才能生长良好，多生长于旷野和开阔地中。它们常常具有植株矮小，分枝多，节间缩短，叶片粗糙有毛，角质层和表皮较厚，机械组织发达，叶肉厚而具有明显的栅栏组织和海绵组织等特点。草原中大多数植物都属于阳性植物；越是干旱草原，阳性植物越多。阴性植物多生长在潮湿背阴的地方，如密林深处、山地丘陵的背阴坡及植物群落的底层。它们的特点是叶子较薄，茎细长，角质层和机械组织都不发达，栅栏组织和海绵组织的区别不明显。还有些耐阴性植物，在全日照环境中生长最好，但能忍受一定程度的遮阴，或是在生长发育的某个时期需要一定的遮阴条件。由于生长的环境不同，其耐阴性强度也不尽相同，如鸭茅、桔梗、党参、黄精等。

一般情况下，植物个体对光的利用率远远低于植物群落。在强光下，单株植物会很快达到光饱和点，多余的光不能被充分利用。但对于植物群落而言，在强光下，上层植物叶片达到光饱和点时，内部和下部的叶片仍未达到光饱和点，随着光照强度的不断增加，群落的总光合作用效率仍可继续提高，并因此提高了植物群落的光能利用效率。所以，不论是天然草地还是栽培草地，保持合理的密度和较多的植物种类对提高生产力是必要的。对于特定地点的特定植物而言，影响植物光能利用效率的因素主要是叶面积指数，即单位土地面积上进行光合作用的叶面积总和。在一定范围内，叶面积指数与光能利用率和植物生产力呈正相关。但叶面积指数并非越大越好，如果产生了过多的叶片重叠和遮阴，反而不利于光合作用的进行。

（二）日照长度及其对植物的生态作用

1.日照长度的变化

日照长度随纬度的不同和季节的不同而发生着规律的变化，但比较大的地形变化和云雾天气的多少，对某一特定地点的日照长度有影响。中国草地都分布于北半球，特点是夏半年（春分到秋分）昼长夜短，冬半年昼短夜长，从南到北，随着纬度的增高，昼夜长短变化增大。地形的坡向不同，日照长度亦不同，阳坡日照长，阴坡日照短。

2.植物的光周期现象

光周期对植物的生长发育具有重要影响。光周期是生命活动的定时器和启动器，光周期在一定地区和一定季节是固定不变的。因此在长期的进化中，植物形成了与之相适应的生长发育节律，即生命活动的周期性现象，如植物的生长、开花、结实和秋季落叶等，都与光周期的变化有关。

植物根据其对日照长度的反应，可以划分为短日照植物、长日照植物、中日照植物及中间型植物等多种生态类型。长日照植物是日照超过一定时数才能开花的植物，否则只能进行营养生长，这个日照时数又被称为临界光期。长日照植物日照时间越长，开花的时间越早。此类植物多起源于中高纬度地区。短日照植物是日照时数短于一定数值时才能开花的植物。此类植物日照时数越短，开花时间越早，而在长日照条件下不开花，只进行营养生长。短日照植物大多起源于低纬度地带。中日照植物开花所需的日照时间介于长日照和短日照植物之间。中间型植物对日照时数要求不严格，任何日照条件下都能开花。

第二节 土壤条件

土壤是介于无机物和有机物之间，含有微生物群的特殊物质。草地土壤是在草地进化过程中，通过特定的物理、化学和生物学过程而形成的，为草地生物的生存提供必需的矿物质元素、水分和基本环境，构成了草地生态系统的重要组成部分。土壤是草地生态系统中物质与能量交换的重要场所，同时，它又是生态系统中生物部分和无机环境部分相互作用的产物。母岩不同、气候不同，生成的土壤常常具有不同的理化性质，并生长发育着不同的生物区系。

由于植物根系和土壤之间具有极大的接触面，在植物与土壤之间发生着频繁的物质交换，彼此强烈影响，因而土壤是一个重要的草地生态因子。

一、草地土壤的组成成分

草地土壤由固相（土壤矿物质和土壤有机质）、液相（土壤水分）和气相（土壤空气）组成的三相复合系统。一般情况下，最适于植物生长的土壤按容积计算，固体部分的矿物质占土壤容积的38%；有机质占12%；空隙（土壤水分和土壤空气）约占50%，其中土壤空气和土壤水分各占15%和35%。在自然条件下，土壤空气和水分的比例是动态的。当土壤水分含量最适于植物生长时，50%的孔隙中有25%是水分，25%是空气。草地土壤类型丰富，组成成分差别很大。根据土壤成分状况和变化，可以使人们比较容易地对草地状况做出判断，预测草地的未来演变方向。在自然状态下，草地土壤的组成成分比例很难达到以上介绍的理想状态。

除了上述成分之外，各类草地土壤都有其特定的生物区系，如细菌、真菌、放线菌等土壤微生物，以及藻类、原生动物、轮虫、线虫、环虫、软体动物和节肢动物等动植物。这些生物有机体及其组合，对土壤有机质的分解、转化、矿物质元素的生物循环等均具有重要的作用，并能影响、改变土壤的物理结构和化学性质，构成各类土壤所特有的土壤生物作用。土壤中的各种组成成分以及它们之间的相互作用，影响着土壤的性质和肥力，从而强烈地影响植物的生长。

土壤中含有几乎所有植物所需要的矿物质元素。这些元素中，有13种是任何植物的正常生长发育不可缺少的，其中有7种属于大量元素（氮、磷、钾、硫、钙、镁和铁），6种属于微量元素（锰、锌、铜、钼、硼和氯）。还有一些元素仅为某些植物所必需，如豆科植物需要的钴，藜科植物必需的钠，蕨类植物必需的氯。这些元素对植物发生作用的关键是其比例的平衡。

有机质是土壤的重要组成部分，来源于生物有机体（动物、植物、微生物）的分泌物、死亡残体及其处于不同分解阶段的各种中间产物。土壤中有机质主要是新鲜的、半分解的非腐殖质类简单有机化合物和腐殖质类复杂有机化合物。非腐殖质类有机化合物主要是碳水化合物和含氮化合物。腐殖质是有机质的主体，是土壤有机质中比较稳定的部分，土壤腐殖质对植物所需的营养具有重要的作用。腐殖质虽然不能直接作为植物的养料，但其中含有植物所需要的各种营养物质，而且有很高的代换吸收能力，能保留大量养分，成为植物营养成分的重要贮藏库，在植物需要时慢慢释放。

二、草地土壤的质地和结构

（一）土壤质地与结构

土壤质地是指不同大小的土粒混合在一起构成土壤时所表现出的土壤粗细状况，即土壤的机械组成。根据不同大小的土粒的组成比例，可以把土壤分为沙土、壤土和黏土3个大类9个亚类。

土壤结构是指土壤固相颗粒互相排列、胶结在一起而形成的团聚体，也称为结构体。它对土壤的通气性、保水性、土壤的热量交换以及植物根系在土壤中的生长发育状况均有重要影响。根据土壤结构体长、宽、高3个方向的发展状况，土壤结构通常被分为片状结构、柱状结构、块状结构、核状结构、团粒结构等。

（二）形成团粒结构的外力条件

在各种不同类型结构的土壤中，团粒结构对多数植物的生长最为理想。对天然草地来说，形成土壤团粒结构的外力条件有以下4个方面：①土壤胶体的凝聚作用。无论是腐殖质胶体或无机胶体，它们在钙离子的作用下，都可以使分散的胶粒逐渐凝聚起来，产生微细的团聚体，然后经过多次的团聚，使微细的团聚体再团聚成团粒。②干湿交替作用。土粒都有湿胀干缩的性质。在干湿交替的条件下，湿土干缩和干土湿胀时都可能产生碎裂形成小土团。③冻融交替作用。它和干湿交替作用类似，当土温降低，土壤水分冻结成冰时，一方面冰的体积增大，产生压力，使土块崩裂；另一方面当液体水变成固体冰时，土壤胶体产生脱水现象，具有黏结能力，使土粒黏结成团。④植物根系作用。植物在其生长过程中，庞大的根系伸入土壤中，一方面产生穿插、缠绕、挤压作用，使土块断裂，而根系所分泌的有机质又有一定的胶结作用，能使细碎土粒黏结在一起；另一方面是根系残留的大量有机质分解后形成的腐殖质又增添了新的胶结物质，这些都有利于团粒结构的形成。

第三节　地形条件

地形对气候条件和土壤条件有着巨大影响，因而影响植被类型的分布。地形一般根据其外部形态、海拔高度和相对高度，划分为平原、丘陵、山地、高原和盆地5个基本类型。地形因坡向、坡位、坡度、高差的不同，造成光照、温度、水分、风和土壤性质的巨大差异。

一、海拔

山地海拔每升高100m，气温下降0.5℃~0.6℃，因此在高山上，不同高度会有不同热量气候带，因此形成不同的植被类型。如横断山脉在海拔2000m以下的谷地属于亚热带气候，形成山地热性草丛和热性灌草丛草地；海拔2000~3000（3500）m的山体坡面属于山地暖温带气候，形成山地暖性灌草丛草地；海拔3000（3500）~3800（4200）m为山地温带气候，出现了山地草甸草地；海拔在3800（4200）m以上为山地亚寒带气候，在迎风坡形成了高寒草甸，背风坡形成高寒草甸草原。降水条件也同海拔高度关系密切，天山南坡山麓为极干旱山地荒漠类草地；向上降水渐增，草地逐步更替为山地荒漠草原类和山地草原类；再向上降水达到最大，出现山地草甸草原类，在局部峡谷的阴坡出现寒温性针叶林；海拔再升高则降水减少，气温进一步下降，草地类型更替为干旱的高寒草原。

在考虑地形因素时，不仅要关注地理分布、海拔及相对高差等，更要关注坡向、坡位和坡度因素，这些因素对草地管理有直接意义。

二、坡向

在草地调查中，坡向常常以45°为区间，按方位角划分为8个不同的坡向，分别是：北坡、东北坡、东坡、东南坡、南坡、西南坡、西坡和西北坡。在北半球的温带地区，太阳的位置偏南，南坡上太阳的入射角较大，照射时间较长，因此南坡所接受的光照比平地多，北坡则较平地少。这是由于在一定坡度范围内，南坡所获得的辐射量约为北坡的1.6~2.3倍。这种差异越往北在高纬度地区越大，尤以冬季为甚，随纬度降低差异明显缩小。

不同坡向辐射量的不同，导致相应的温度变化，南坡的气温、土温都比北坡高，而土壤温度西南坡比南坡更高，这是因为西南坡蒸发耗热较少。在大多数情况下，西向坡温度较东向坡高，因为西向坡在上午大气温度已经升高之后，又接受了下午太阳的照射，温度升高较为骤然。一天中的小气候，最高温度出现不是在南坡上，而是在南偏西的坡向上，最低温度不是出现在北坡，而是在北偏东坡上。

不同坡向上气温、土温的差异必然影响到土壤蒸发、植物蒸腾，从而影响到土壤的水分状况，对山地草地的形成与分布发生也有着深刻的影响。

三、坡位

一般将山坡分为上坡（包括山脊）、中坡（即山腹）和下坡（包括山麓）3部分。山坡的坡面又有凹形、凸形和直线形3类。凹形坡面比较挡风，土壤较湿润，土层一般也较厚；凸形坡面易受强风侵袭，容易产生侵蚀和风化，土壤比较干燥，也较浅薄。因此在凹形坡面上，由分水岭向下，土壤水分和土壤肥力均逐渐增加；而在凸形坡面上，土壤水分和土壤肥力由分水岭越向下越差。

一般情况下，在一个山坡上，山脊和上坡常常是凸形坡面，中坡则可能是凸凹相间的复合坡面，下坡则通常是直线形坡面。因此，坡位的变化，使得阳光、水分、养分和土壤条件也呈现规律的变化。总的来看，由分水岭向下，坡面的光照不断减少，逐渐由剥蚀过渡到逐渐堆积，土层厚度不断增加，土壤水分和土壤肥力逐渐增高，整个生境向潮湿方向发展，所以植物生长的条件逐渐改善。在天然植被很少受到干扰的坡面上，经常可以看到从上坡到山谷分布着对水肥条件要求不同的植物种。喜肥沃湿润的物种分布于坡的下部，耐瘠薄干旱的物种分布于山坡的上部。这种情况在陡坡尤为突出，在其上部往往只能生长草本和灌丛。在大兴安岭山地和丘陵草甸草原区，不同坡位的草原优势植物明显不同，上坡以线叶菊为主，中坡以贝加尔针茅和杂类草为主，下坡则以羊草、拂子茅等植物为主。因坡位对土壤水分和土壤肥力的影响，国外草地保护建设已越来越多地考虑坡位的因素。

四、坡度

不同坡度的山坡，因太阳辐射的高度角不同，所得到的太阳辐射量也不相同，气温、土温和其他生态因子也随之发生变化。山坡地水土流失的多少，受坡度大小的影响极大。坡度的大小与水土流失量呈正相关，坡度越大，水土流失越多，从而使土壤变得越浅薄、贫瘠。通常，平坦地的土壤深厚，适于牧草生长，但有时排水不良。斜缓坡一般土壤肥沃，排水良好，最适宜于牧草生长。陡坡土层薄，石砾多，水分供给不稳定，草本植物可较好生长。在急险坡上，基岩裸露、土壤极少、植物稀疏。

第三章 草原植物的生物学

第一节 草原植物的类别及其生物学特性

一、草原植物的生活型

植物的生活型是植物与环境相互影响且长期适应的株体形态、寿命和分异类型。把适应能力相似和对外界条件要求相近的植物，归为同一生活型。从草地植物的特点出发，通常采用德国学者克涅尔的植物生活型分类法，将草地植物分为乔木、灌木和半灌木、多年生草、一年生草、苔藓、地衣等6个生活型。

（一）乔木

乔木是多年生高大的木本植物（一般4m以上），具有明确的主干和分枝，根深可达到10m以上，树干和枝条在生命结束前不会死亡。按叶形状，可分为针叶乔木和阔叶乔木；按落叶与否，可分为常绿乔木和落叶乔木。乔木不是草地的主体部分，在草地上常以单株分散生长，或片状森林与草地相间分布，但对草地的形成、演变起着关键作用。

（二）灌木和半灌木

灌木是多年生较低矮的木本植物（通常4m以下），自基部分枝，呈丛状，无明确的主干。半灌木是介于灌木和草本的中间类型，没有主干，分枝也从地面开始，其株体高度为20~30cm，通常株高不超过50cm，其枝条的特点是：下部为多年生，上部为一年生。这类植物广泛分布于草原、荒漠和半荒漠地区。

（三）多年生草

多年生草为草本植物，株高变异很大。地上部分枝条在开花结实后或生长季结束后就死亡了；而地下部分为多年生，次年春季由分蘖节、根颈、根、根茎处的芽形成新的枝条，是草地上主要的生活型。这类植物能在较长时间内具有高产、稳产的特性，整个生长期内都能生产干草地。多年生草类的根系发达，在土壤中积累有机质，改善土壤结构，并且可以削弱地下水上下运动，防止土壤盐渍化。

（四）一年生草

一年生草的生活周期短，在一个生长季内即可完成从种子发芽到开花结实然后死亡的整个生活周期。一年生草主要分布于荒漠和半荒漠地区，其他类型草地的一年生草类比重很小。

（五）苔藓

苔藓是高等孢子植物，广泛分布于冻原、沼泽和森林地区。

（六）地衣

地衣是由真菌和藻类组成的一类共生植物，广泛分布于森林、冻原、荒漠和半荒漠草地上，生长高度不超过6cm。壳状地衣无饲用价值，枝状地衣是獐和鹿很好的饲料。枝状地衣生长缓慢，每年只能长1cm。

二、植物的株丛类型

根据枝条的着生部位、叶量和生长的特点，草地饲用植物可分为上繁草、下繁草和莲座丛草3个类型。

（一）上繁草

株丛中多以生殖枝和长营养枝为主，高达1m以上，叶在茎上分布比较均匀。该类草刈割时叶片损失少，刈草后留茬的产量不超过总产量的5%~10%，适合于刈割做调制干草和青贮饲料用。

（二）下繁草

枝丛中具有短营养枝，生殖枝少，生长高度在40~50cm。下繁草的大量叶片集中在株丛基部，茎上着生叶很少，刈割后留茬产量占总产量的20%~60%，而且留茬的营养价值高。这类草适合于放牧利用，正常条件下，牲畜适度采食，下繁草分蘖良好。在混合草群中与高大植物生长在一起时，其生长往往受到抑制；在与其他饲用价值良好的低矮草类组成的草群中生长良好，而且适宜放牧利用。

（三）莲座丛草

株丛中只有根出叶，呈簇状，没有茎生叶，或茎生叶很少。这类植物矮小，叶片着生部位低，一般集生在稍高于地面的短茎上的各节，全部叶片放射状向四周展开呈莲座状。莲座丛草在过度利用的草地上普遍出现。

三、多年生植物枝条的形成类型

多年生草本植物在生长发育过程中枝条的形成主要通过营养分蘖繁殖的方式进行。分蘖就是地表或地下茎节、根颈、根蘖上的腋芽形成新枝条的过程。分蘖一般在春季和夏季时期进行，并且消耗大部分的营养物质，是适应不同环境的重要原因之一。根据新枝形成的特点，可将植物分为根茎型、根蘖型、疏丛型、密丛型、根茎–疏丛型、匍匐型、轴根型、粗壮须根型、鳞茎型和块茎型等类型。

（一）根茎型

根茎型草除地上直立茎以外，地下能分蘖出与地面平行或斜生的根状茎，主要分布在距地表5~10cm处。在横走根茎的节上可以长出垂直的枝条，出土后能形成绿色的茎和叶。其根茎的长度不定，有的只有2~3cm，有的则达到几十米。通常，短的根茎具有很强的分蘖能力，长的根茎则分蘖能力较弱。每年从老的根茎上长出新的根茎，新的根茎上长出新的枝条和叶片，依次形成了具有大量枝叶的根茎网。根茎型草容易絮结成草皮。

大多数根茎型草在土壤通气良好的草地上，根茎发达，具有很强的营养繁殖能力；当土壤空气不足时，分蘖节的节位便向上移动生长，以满足对通气的要求。也有少数根茎植物如芦苇，能在潮湿和通气不良的环境中正常生长。因为这类草具有发达的通气组织，叶片、茎和根中都有通气腔。在以根茎型草类为主的草地上，应严格控制牲畜的数量，不能大量集中，否则会破坏土壤结构，降低通透性，影响其营养繁殖能力，从而影响牧草产量减少。此类草地在管理过程中应通过采取划破草皮等措施，增加土壤的通透性，达到维持草地较长的生长年限，提高草地产量。

以根状茎进行营养繁殖的牧草主要是禾本科和莎草科植物，其更新芽位于根茎节上。这类芽发育成地上枝条的同时在地下形成根系，当根茎腐烂或机械损伤切断根茎后，每一段根茎便可形成一个独立的新个体。莎草科的苔草属和嵩草属牧草，其根茎保持生长状态的时间要比禾本科植物长，长者可达20年左右。根茎类植物每年在根茎上形成节和节间。节间的长度和它的粗度呈反比，即节间愈短、分枝愈弱。根茎的生长与土壤质地、肥力状况等有很大的关系，松软肥沃的土壤有利于根茎的生长。根茎在一个生长季内能长到1~1.5m，节间达15~20个，分枝达到第三级或第四级。

（二）根蘖型

根蘖型草具有垂直的短根，入土深度15~100cm，在5~30cm处，垂直根长出水平根，水平根上形成新芽，这些芽长出地面形成枝条。垂直根和水平根的长短和粗细因种类和生存条件而不同，水平根长达4~5m以上，直径在0.2~1.5cm不等。根蘖型草具有很强的繁殖能力，尤其在疏松和通气良好的土壤上发育良好。这类草在荒漠和森林采伐迹地很多，通常是茂盛的杂草。

（三）疏丛型

疏丛型草具有短的茎节，其分蘖节处于地表下1~5cm，侧枝从分蘖节处以锐角的形式伸出地面，因而地表形成疏散的株丛。这类草的丛和丛之间缺少联系，因此，虽能形成草皮，但不结实，极易破碎。在放牧过重时，丛间下凹形成很多小土丘，对草地和家畜均有害。所以放牧时不宜过重，水分过多时也不宜放牧。

疏丛型草的分蘖节接近地表，分蘖一般从株体的边缘部分开始。疏丛型草对土壤通透性要求不严，但对水分要求很严格，在渗透性好的黏壤土、腐殖土上生长最好。当土壤过于干旱或肥力不足的情况下，其老的株丛中央枝条死亡，形成大量的枯死残留物，不仅直接影响草丛的生长，同时使草地生产能力下降。在管理上应通过疏草作业除去残余物，结合施肥或松土覆盖等措施，刺激植物生长，保持其旺盛的生长力。

这类植物主要以营养更新为主，寿命比其他根茎型牧草短，可通过种子繁殖或补播等方式，延长其寿命，维持草地较长的使用年限。

（四）密丛型

密丛型草的分蘖节一般位于土壤表面，干旱地区接近地面。节间很短，由分蘖节上长出的枝条彼此紧贴，几乎垂直地面，因而形成密集的株丛。株丛枝条数多达几百个，其中心接近地表，周围的稍微翘起。随着年龄的增加，株丛直径不断扩大，其中心的枝条不断死亡，新的枝条从外围长出，往往形成"秃顶"的现象。

密丛型草的分蘖节位于地表之上，能在通气不良、土壤贫瘠的条件下生长良好。枯死枝条形成的有机质位于株丛周围，既可保持水分和便于通气，又能为分蘖节和嫩枝形成必要的温度，来防御低温的影响。密丛型草类具有菌根，根部的通气组织将空气中的氧气输送到根部，菌根上的好氧菌类正常发育，分解土壤中的有机质，供给植物生长必需的养料。密丛型草生长缓慢、耐牧性强，但饲用价值较低。重牧或年限较长时容易形成草丘，常成为草地退化的标志。

（五）根茎-疏丛型

根茎-疏丛型草的分蘖节位于地表以下，形成的株丛本身为疏丛型。株丛具有短根茎。短根茎生长发育后可产生许多新的株丛。由短根茎将许多疏丛草连接在一起，形成致密网状根系层。这类草是根茎型和疏丛型的结合体，形成的草皮平坦、富有弹性、践踏性强，不易形成土丘，根茎疏丛型草是放牧利用中最理想的牧草。根茎–疏丛型草在疏松的土壤中生长良好。草地建植时应选富含有机质且疏松的土壤。

（六）匍匐型

匍匐型丛分蘖节上发出短枝条，并匍匐于地面上。匍匐枝的节间长并且细。在匍匐枝的节处的腋芽向上形成枝和叶簇，向下形成不定根，固定于土壤中。在此过程中，老株丛逐渐死亡，新的株丛继续萌生匍匐茎，向各方向生长。此类草有很好的营养繁殖能力，多分布于气候温湿地区，通常生长在河滩及过牧的地方。这类植物在母株茎生叶的叶腋产生匍匐茎，匍匐茎发育的特点是细而长。匍匐茎每个节可生出叶、芽和不定根，形成子株。子株发育初期从匍匐枝吸收营养。当匍匐茎死亡后，匍匐茎节上产生的子株，便脱离母体，形成独立的新个体，且匍匐茎寿命短。

（七）轴根型

轴根型又叫根颈型，具有垂直而粗壮的主根。根的直径从1cm到几厘米，由主根上生长出许多粗细不一的侧根，入土深度从数十厘米到几米不等。在茎的下部（土表以下1~3cm）与根融合处，有一膨大的地方，称根颈。根颈上有更新芽，生长成分枝的枝条。枝条的叶腋也能形成芽，形成多枝的稀疏的株丛。新形成的枝条在开花结实后死亡，次年又形成新的枝条。轴根型植物主要以种子繁殖，但有时进行营养繁殖，能由根出叶处长出与根系完全独立的新植株。

（八）粗壮须根型

粗壮须根型草具有短的根茎和数量多的分枝根，无明显向下生长的主根，类似于禾本科的根，但较禾本科的根粗，粗壮须根型草一般进行种子或营养繁殖。

（九）鳞茎型

鳞茎型植物多在土壤5~20cm处形成鳞茎。鳞茎是茎的变态。鳞茎是一种特殊的营养器官和繁殖器官，也是贮藏器官。以鳞茎进行繁殖的草地植物，主要是单子叶植物。鳞茎实质为变态的地下茎和叶，其茎缩短呈盘状，特称"鳞茎盘"，其上着生密集的鳞叶及芽。鳞叶有各种不同的形状，或者是生长在绿叶的基部，或者是特化成肉质的茎生叶。主根死亡早，靠茎生出不定根吸收营养。这种植物的根每年在不断更新。这类植物主要靠鳞茎繁殖，也可以进行种子繁殖。

鳞茎植物在生态和地理分布上，适合于草原和半荒漠地区，尤其在高山草原地区及山地的旱生植物群落中常形成显著伴生种。因为它们具有鳞茎，处于较深的土壤中，而且在枯死的叶子保护下，有利于更新苗度过夏季干旱和冬季寒冷的不利环境。由此可见，产生鳞茎是该类植物对不良环境的特有适应特征。

（十）块茎型

块茎是地下茎末端形成膨大且不规则的块状，是适于贮存养料和越冬的变态茎。其顶部肥大，有发达的薄壁组织，能贮藏丰富的营养物质。块茎的表面有许多芽眼，一般作螺旋状排列，芽眼内有2~3个腋芽，仅其中一个腋芽容易萌发，能长出新枝，故块茎可供繁殖之用。块茎具有贮藏营养的功能，也是一种特殊的营养更新及繁殖器官。块茎型植物多分布于山地草原地区，在发育不良的多石砾土壤条件下较为常见。

第二节　草原植物的生长发育

草原植物以禾本科和豆科为主，在高寒草地，莎草科植物也是优势植物。禾草茎空心，具有茎节，叶子细长且具有平行脉。莎草科和灯心草科植物很像禾草，但这些植物一般茎实心、无节。杂类草叶宽有主根。灌木的茎木质化。

鉴于禾本科、豆科和菊科蒿属植物在草原植物中所占比例较大，本节介绍它们的生长发育特点。

一、禾本科植物的生长发育

（一）形态特征

根为须根系，无主根，由种子萌发的种子根在早期消失，由茎基部发生多量纤维状不定根或从匍匐根状茎节上生出纤维状根，而以不定根为主。一般根系入土较浅，在表土层20~30cm下。视草种而异，有的深可达1m以上。

茎有节与节间，节间中空，称为秆。秆多圆筒状，少数为扁形，基部数节的腋芽长出分枝，称为分蘖，有鞘内分蘖和鞘外分蘖。节部居间分生组织生长分化，使节间伸长。茎节处较膨大坚实，为叶着生处。节间距离基部较短而中上部较长。茎秆分为生殖枝和营养枝两种。禾本科牧草的茎大多直立或斜上，匍匐地面者叫匍匐茎，横生土中者叫根茎。

叶为单叶，互生呈二纵列，由叶鞘、叶片和叶舌构成，有时具叶耳；叶鞘相当于叶柄，扩张为鞘状，包裹于茎上，边缘分离而覆叠，或多少结合。叶鞘质地较韧，有保护节间基部柔软生长组织以及输导和支持作用。叶片也称叶身，有平行的叶脉，扁平狭长呈线形或披针形，叶片和叶鞘连接处内侧有叶舌，叶片基部两侧有叶耳，少数无叶舌，有的不生叶耳。

花序顶生或侧生，多为圆锥花序，或为总状、穗状花序。小穗是禾本科的典型特征，由颖片、小花和小穗轴组成。颖片位于下方，小花着生于小穗轴上，通常两性，稀为单性与中性，由外稃和内稃包被着。雄蕊3或1~6枚，子房1室，含1胚珠，花柱通常2，稀1或3，柱头羽毛状。

果实通常为颖果，稀为瘦果和浆果，干燥而不开裂，内含种子1粒。种子有胚乳，含大量淀粉质，胚位于胚乳的一侧。

（二）地上枝条的生长发育

一般禾本科牧草包括以下几个物候期：早春种子萌发或再生、分蘖、拔节、抽穗、开花结实和枝条死亡。其中分蘖伴随着整个生活史。

分蘖能力的强弱标志着植物利用养分的能力，对产草量有很大的影响。

（三）根系的生长发育

1.根系的生长发育

根具有吸收水分和养料、固定植株和贮藏养分等的功能。禾本科草的种子萌发长出胚根，胚芽鞘也接着伸长，形成几片营养叶后，在地面下不深处形成分蘖节，节上产生次生根，承担根的功能。胚根生活几个月后逐渐枯死。随着次生根不断增加，分枝根不断产生，须根系形成。这是禾本科草根的共同特点。

禾本科草的须根大部分集中在土壤表层0~30 cm，稠密地穿插在土壤中。须根的入土深度随草种不同而各异。下繁禾本科草比上繁禾本科草入土相对较浅。随着生长阶段的推进，根系发育逐渐加快，除须根外，禾本科草能形成许多支根，入土深的达到1m或超过1m，根系入土深度因草种各异。

禾本科草在各发育阶段根系的生长速度不同，且与地上部分存在一定的相关性。根量的增长动态与其入土深度和地上部分生长势呈负相关。根系的生长属于双峰类型，在分蘖期和开花结实期，根系生长加快。开花结实后，随着冬季的来临，地上部分逐渐死亡，根系并不死亡，能过渡到翌年甚至更长的时间。

2.影响生长发育的环境因素

（1）土壤因素

禾本科草的根系发育除了与其本身特性有关外，还受土壤性质和营养状况的影响。土壤中的水分、土壤质地、土壤结构和土壤温度等对根系具有一定的影响。土壤湿度过高或过低都会抑制根系的生长，适度干旱则促进根系的生长；土壤质地对根系的生长影响很大。沙地中的禾本科草的根可长达数米，而且分布广泛，以便在更大的范围内吸收土壤中的水分；根系的生长发育和土壤结构有关，具有团粒结构并且渗透性好的土壤能促进形成有分枝的、较深的根系。土壤营养状况也直接影响根系的生长。当土壤上层的养料缺乏时，禾本科草能加深自己的根系，同时发育大量的须根和细的支根，以便在较深和较大的范围内吸收养料。适度的氮素供给，有利于根系的良好发育和根中碳水化合物的积累。研究表明，猫尾草在低氮水平下能产生较多分枝和粗壮的根系，而高等水平和中等水平氮素使其形成较短、较细的根系。其他元素对根系发育也同等重要。磷、钾能刺激根的生长发育。钾缺乏时，根的生长受到抑制。微量元素，特别是钼和硼对根的发育有良好的作用。

（2）光条件

光周期对根和根茎的发育也有影响。短日照不利于根系生长。例如，无芒雀麦根的重量在短日照条件下，比正常日照（18h）要少1倍。光照强度对禾本科牧草的根系也有影响，遮阴对根系发育有不良影响。如无芒雀麦遮阴到光照强度的0.08时，植株的重量减少一半，地上部分减少35%，而根和根茎减少70%。

二、豆科饲用植物的生长发育

（一）形态特征

根为直根系，分为3种类型，即主根型，如苜蓿，主根粗壮发达，可深达数米至10多米。分根型，如红三叶，主根不发达，而分根发达。主根-分根型，如草木樨，根系发育介于上述二者之间。这3种类型的根上均着生根瘤，根瘤内的根瘤菌能固定空气中的氮素。

茎多为草质，少数坚硬似木质，一般圆形也具有棱角或近似方形，光滑或有毛有刺，茎内有髓或中空。株形分4种类型：直立型，茎枝直立生长，如红豆草、苜蓿、红三叶、草木樨等；匍匐型，茎匍匐生长，如白三叶；缠绕型，茎枝柔软，其复叶的顶端叶片变为卷须攀缘生长，或匍匐生长地面形成短小离乱的茎，如长柔毛野豌豆；无茎型，没有茎秆，叶从根颈上发生，这种草低矮，产量低，如沧果紫云英、中亚紫云英等。

初出土叶为双子叶，成苗后叶常互生，稀对生，分为羽状复叶和三出复叶两类，稀为单叶。羽状复叶的，如长柔毛野豌豆、斜茎黄芪等，三出复叶的，如红三叶等，并有托叶。

花为蝶形花，多为两性，花冠的旗瓣大而开展，并具色彩，便于吸引昆虫；翼瓣在其左右两侧略伸长，成为可供昆虫停立的平台；龙骨瓣背部边缘合生，将雌雄蕊包裹在内，防止雨水或有害虫类的侵袭。雄蕊合生呈管状，基部内面有蜜腺，只能由蜜蜂一类具长口吻的昆虫享受；有时对着旗瓣的一枚雄蕊与合成管状的其他9枚离生，形成一个缺口，便于蜜蜂深入到有蜜腺的基部；而雄蕊也只有当昆虫来访，借虫的体重压下龙骨瓣令其松开时，柱头才能自由伸出。花序多样，通常为总状或圆锥花序，有时为头状或穗状花序，腋生或顶生。

果实大多为荚果。典型的荚果通常由2片果瓣组成，1室，种子着生在腹缝线上。种子无胚乳，子叶厚，种皮革质，难于透水、透气，硬实率较高。

（二）地上枝条的生长发育

豆科牧草和禾本科草一样，要经历几个发育时期：种子萌发、分枝、孕蕾、开花结实、枝条死亡。种子吸水膨胀，涨破种皮后，胚根开始生长，接着是胚茎和胚芽。豆科牧草的子叶先伸出地面，从胚芽中出现第一片真叶，随着出现第二片叶即为三出复叶，经过一段时间的生长形成莲座叶丛。根据其生长利用方式，可分为春性多年生豆科牧草和冬性豆科牧草。

春性豆科牧草（苜蓿）在产生莲座叶丛以后便形成茎，其枝条就是由基部叶腋发育而成，形成类似疏丛状株体，再从茎上部的腋芽发生分枝，然后就在枝条上形成花蕾和花，最终形成果实和种子。在开花结实的同时，其基部又发生新的分枝，以便收获种子或刈割后进入上述生长过程。至于如此反复生长多少次，是因为草种、气候条件和利用方式不同而异的。多年生豆科牧草，在秋季形成的新枝条，主要起制造并向地下部输送贮藏养料的作用。这些枝条越冬时死亡。冬性豆科牧草直接从莲座叶丛进入冬季，但其基部已形成更新芽，次年这些新芽萌发成新枝，然后进入各发育阶段。

豆科牧草茎下部的膨大部分叫根颈。一些豆科牧草随着年龄的增长根颈逐渐伸入土中，有利于抵抗不利的越冬条件。由于豆科牧草更新芽大多集中在地表或暴露在外，秋季过晚的刈割或放牧，会消耗植株体内的光合产物，影响再生新叶和形成新枝，使其越冬力下降。

豆科牧草枝条形成的主要方式是由根颈的更新芽发育而成。除此之外，有些豆科牧草如白三叶，不仅根颈上产生了形成枝条的芽，匍匐茎的节也形成新的枝条；有些豆科牧草如黄花苜蓿根上也有形成枝条的芽。

（三）地下根系生长发育

种子萌发后，随着胚根的伸长，不但发育成主根，并且在其上面形成支根，统称直根系。当根系的进一步伸长，支根上开始形成根瘤，根系越来越发达；接着主根上部开始增粗，在近地面处膨大，形成最初的根颈。此时，豆科牧草形成完整的根系。一般第一年根颈可达 2~3 cm，但随着时间的增加，根系不断加粗、伸长，老根死亡，新根出现。5~6 年的紫花苜蓿的根颈直径可达 4~5cm，并出现分裂现象。

依据根的入土深度，可将豆科草分为浅根系豆科草、深根系豆科草和中等根系豆科草。浅根系豆科草的根系的主体部分分布于 40~50cm 的土层中，如白三叶、杂种车轴草、广布野豌豆等。深根系豆科草，其主根入土深度达到数米，支根分布于 2m 的土壤中，如紫花苜蓿、百脉根等。中等根系豆科草，根的入土深度介于以上两种之间，主根深 2m，支根在 0.5~0.75m，如紫云英、红三叶及同属的很多植物。

豆科牧草根系有大量的根瘤。根瘤菌的固氮作用是豆科牧草根系所特有的。根瘤菌可以通过体内的一种具有催化能力的固氮酶，将空气中的氮素转化为可供植物利用的氨态氮。由于根瘤菌的固氮作用，豆科牧草能在氮素缺乏的土壤中生长良好。豆科牧草根系有利于土壤中有机物质的积累，提高土壤肥力。

豆科牧草对潜水较敏感。当豆科牧草根系的各个土层为潜水淹没时，根系常受到极其不良的影响，严重的可导致根的腐烂或死亡。一般深根性和中根性的豆科牧草（如苜蓿、红三叶和紫云英等）受害较严重，但也有一些牧草如牧地香豌豆、白三叶等对短期水淹有较强的忍耐性。

三、菊科蒿属植物的生长发育

（一）形态特征

一、二年生或多年生草本，少数为半灌木或小灌木；常带有浓烈的挥发性香气。

根状茎粗或细小，直立、斜上升或匍地，常有营养枝。

茎直立，单生，少数或多数，丛生，具明显的纵棱；分枝长或短，稀不分枝；茎、枝、叶及头状花序的总苞片常被蛛丝状的绵毛，或为柔毛、黏质的柔毛、腺毛，稀无毛或部分无毛。

叶互生，一至三回，稀四回羽状分裂，或不分裂，稀近掌状分裂，叶缘或裂片边缘有裂齿或锯齿，稀全缘；叶柄长或短，或无柄，常有假托叶。

头状花序小，多数或少数，半球形、球形、卵球形、椭圆形、长圆形，具短梗或无梗，基部常有小苞叶，稀无小苞叶，在茎或分枝上排成疏松或密集的穗状花序，常在茎上再组成开展、中等开展或狭窄的圆锥花序，稀组成伞房花序状的圆锥花序；总苞片（2）3~4层，卵形、长卵形或椭圆状倒卵形，稀披针形，覆瓦状排列，外、中层总苞片草质，稀半革质，背面常有绿色中肋，边缘膜质，内层总苞片半膜质或膜质，或总苞片全为膜质，且无绿色中肋；花序托半球形或圆锥形，具托毛或无托毛。

瘦果小，卵形、倒卵形或长圆状倒卵形，无冠毛，稀具不对称的冠状突起，果壁外具明显或不明显的纵纹，无毛，稀微被疏毛。种子1枚。

（二）生长发育

蒿属植物是菊科中饲用价值较大的小半灌木，是绵羊、马、骆驼的主要饲用植物，广泛分布在荒漠和半荒漠地区。

蒿属植物地上部分主要是每年春季从根颈上产生的芽形成的多年生木质化分枝。这些芽通常只在秋季生长发育成短枝。短枝越冬后在第二年气候条件适宜时发育成分枝，形成叶和生殖枝，生长发育后形成主体，而其初生枝条早期死亡。在春季如果气候条件特别好时，母枝的芽也可不经过短枝状态直接发育成生殖枝，而在生长条件不良时，短枝会继续处于营养状态至下一年。

蒿属植物枝条的生长和叶的形成具有明显的季节性。春季是枝条迅速生长和叶形成主要时期。在气候炎热干旱的夏季，叶片会逐渐干枯脱落，此时蒿属植物的营养器官生长基本停止，但花序的生长发育仍然在继续进行。

蒿属植物属轴根系，入土一般不超过1m，在土壤表面发育成强烈分枝的根系。春季为了充分利用土壤中的水分，发育有短命根，这种根在干旱时期即枯死。

第三节　草原植物的繁殖、更新及再生

草原植物具有繁殖再生的特性和能力，能够年复一年地繁衍下去。草原的生产能力与草原植物繁殖再生密不可分。只有合理利用和管理草原，才能保持草原植物良好的繁殖和再生能力，实现草原的可持续性利用。

一、草原植物的繁殖与更新

（一）种子繁殖与更新

草原植物的繁殖更新主要以种子繁殖和营养繁殖两种方式进行。一般天然草地种子繁殖比例很低且种子繁殖的幼苗仅靠种子内有限的营养物质生长，较营养更新的枝条在生长初期的速度慢得多。种子繁殖是营养繁殖和更新的基础，对在天然植被中维持主要植被成分的生活力和产量具有决定性的作用。因此，在草地生产实践过程中，或在草地经营管理过程中采取定期休闲、延迟放牧、晚期割草等措施，保证草地有足够数量的种子繁殖，进行草地更新，提高草地生产能力。

（二）营养繁殖与更新

营养繁殖是指用植物体的某一营养器官获得一株完整的植物。营养繁殖越强，植物占据的草地面积越大，产草量也越高，它能反映出植物在草群中竞争能力的强弱。天然植被中很多草本植物具有专门的营养繁殖器官，如根茎、匍匐茎、分蘖节、鳞茎、块茎、球茎、根蘖和根颈等。还有一些草类，只有在某些特定的生长条件下或外界影响下才能表现出营养繁殖能力，如将地上部分用土埋后可以变成根茎，损伤根系变成根蘖进行营养繁殖。

许多学者对营养繁殖问题进行了研究。有的学者认为，植物长期进行营养繁殖会导致有机体退化；有的则认为无性繁殖系本身不是个体，不可能退化，其原因是植物的芽从组织上来说是幼嫩的，由芽产生的每个枝条，不仅能形成地上器官，而且能产生独立的根和根茎，这样机体可以完全更新。

随着年龄的增长，牧草产量、光合产物和其生理活动都会发生明显的变化，但芽和营养器官形成新枝条的能力在较大程度上保持一定的稳定性。

不过在不合理的管理措施下，如放牧强度、放牧利用时期、火烧、松土等因子都能影响植物的繁殖更新。所以多年生草类营养繁殖更新能力的下降，除了植物固有的生物学特性外，在一定时期内，是由于环境条件的恶化，并不是有机体的衰老。

二、草原植物的再生

（一）植物的再生方式

植物经放牧和刈割后重新生长的特性叫再生性。草原植物的再生方式可以区分为以下4种类型：

1.短营养枝继续再生。短营养枝高度较低，生长点位于植株基部，放牧时不易遭受破坏，生长锥上的胚叶可形成新的叶片。

2.长枝（生殖枝和长营养枝）的继续生长。株丛中的一些长枝，只要生长点未被破坏，仍可生长。生长点被破坏的长枝只是节间拉长，生长量有限。

3.腋芽的继续生长，很多杂草类以及豆科草类，利用留茬中的腋芽长成新的枝条。

4.位于地表和地下休眠芽的生长，形成新的枝条。

上述4种生长方式，有时以一种为主，有时可能兼有几种。

（二）影响再生能力的因素

草原植物的再生能力取决于它们的生物学特性、放牧和刈割利用制度、植物生长环境条件及光合产物的含量。

1.生物学特性

不同植物再生能力不同。豆科植物普遍高于禾本科牧草，但在豆科植物中又因种类不同差别也很大。有的豆科植物再生能力强，生长迅速，再生草产量高，如紫花苜蓿、白三叶等；有的再生能力弱，生长速度慢，产草量也低，如红三叶、红豆草等。再生力强的禾本科牧草有：草地早熟禾、黑麦草、无芒雀麦、鸭茅等；再生力弱的禾本科牧草有：冰草、隐子草等。杂类草的再生能力相差很大，分布湿润气候条件下的莎草科中的薹草属其再生能力普遍较强，而菊科的蒿属植物再生速度比其他科的植物要更慢一些。

2.利用时期

多年生草类第一次刈割和放牧的时期，对其再生速度产生影响。一般在生长早期，即在开花前进行刈割或放牧，再生草产量较高；刈割太晚，牧草的再生速度慢。但也应注意，草地过早放牧或刈割也会导致第一次产量大大降低，从而影响草地全年的总产量。禾本科牧草在分蘖阶段或抽穗时期利用时，再生力强，延迟利用会降低其再生力。

3.利用的留茬高度

草地放牧或刈割利用的留茬高度会影响牧草的再生。保持一定的留茬高度，有助于植物的再生，因留茬中保存有光合产物，且留茬中大量的叶子可以进行光合作用，供给留茬中再生芽生长所需的营养物质及能量。由此可见，在一定限度内，适当的刈割和放牧可以刺激其再生。当然，留茬高度过高和过低，都不利于牧草的再生。留茬过低，留茬叶量少，生长点保留得少，光合产物少。留茬过高，残存茎会消耗大量的水分和养分，从而抑制再生芽的生长。

4.利用强度

割草地的刈割次数等反应了草地的利用强度。在牧草生长期适宜的刈割次数可促进植物的再生，从而提高植物的生产量，但频繁的刈割会使植物丧失恢复生长和再生的能力。放牧期、放牧频率及放牧强度均与草地的利用强度有关。有人曾对高山草地春季放牧地进行禾本科植物放牧强度进行试验，结果表明，连续放牧2~3周的草地，其植物产量要比不放牧或连续放牧超过3周的产量都要高。这说明植物未经放牧刺激，其产草量较低；同时也表明放牧过重也会降低植物的再生力，特别是对牧草根系的生长产生影响。

5.光合产物

植物的光合产物对再生有决定性的影响。它是植物早春萌发生长和割后再生的先决条件。植物的上部叶片是光合产物合成的主要器官，叶片的多少及叶面积的大小都影响着植物有机物质的合成。据测定，不同种类的植物，每平方米叶面积光合作用合成糖的速率是0.8~1.8g/h。植物刈割或放牧后，进入根部的营养源被阻断，只有靠地下器官和留茬中的光合产物来提供根部的生长，光合产物越多，再生形成的枝条就越多，但过度利用，及过多消耗贮藏的营养，都会降低植物的再生能力。

6.外界条件

草地植物生长的气候、土壤等环境条件以及农业技术措施等外界条件很大程度上影响草地植物的再生。不同地区的气候条件不一致，植物的再生能力也不同。在温暖潮湿的气候条件下，草原土壤湿度较好，植物的再生力强。在干旱地区，灌溉措施也能提高草原植物的再生。土壤通透性状况良好，能增强植物的再生。另外，刈割和放牧利用后，合理施肥、灌溉、松耙等农业技术措施均能刺激植物的再生。掌握草原植物再生特性及其影响因素，制订合理的利用制度和农业管理措施，对维持较高的植物再生能力，提高草地总产量具有重要的作用。

第四章　草地资源与草地分类

第一节　草地资源概述

一、草地资源的概念

草地资源是具有数量、质量、空间结构特征，有一定面积分布，有生产能力和多种功能，主要用作畜牧业生产资料的一种自然资源。只有当人类去开发利用，能产生产品和效益，使草地蕴藏的生产能力变为现实生产力，使草地蕴藏的生产价值得以体现，才能成为现实的草地资源。因此，从经营的角度理解，草地资源是经过人类利用，经营的草地，是生产资料和环境资源，是有数量、质量和空间分布的草地经营实体。

草地资源的数量是指草原面积的大小、草原区域产草量和载畜量的高低。草地资源的质量是指草原上牧草品质的优劣，草原适用方式、适用季节、适养家畜的范围，草地的自然灾害状况。草地资源的空间分布是指各种类型草原在由纬度、经度和海拔高度组成的三维空间中的分布格局及组成结构。

在具体地段、具体时间内，受开发利用条件与程度的制约和影响，草地所能利用表达的生产力，与草地蕴藏的生产力还不尽相同，既是尚未充分发挥，也可能用之过度。草地资源的内涵，随着生产的发展，应该扩展为一切天然、人工、副产品饲草料资源的总体。

二、草地资源属性

草地资源属性不仅包括了其组分构成属性、自然属性和经济属性，也包括功能开发属性等。其具有下列一些特征。

（一）草地资源构成的多组分性和整体性

草地资源（G）在构成上是由气候资源（C）、土地资源（L）、生物资源（B）等自然资源和人类生产劳动要素（P）有机迭加的总和，是具有新的特殊功能的复合型资源，它可以用下式表示：

$$G = C + L + B + P$$

概要地说，在草地资源中气候资源的重要作用是决定草地类型的地带性分布和净初级生产力；土地资源的重要作用是给草地植物和动物提供栖居地和对光、热、水分和养分进行再分配；生物资源的重要作用是植物和动物是草地资源中最积极、最活跃的组分，是草地生产和开发的主要对象，植物生产-动物生产的结合关系，是草地生产的特征；生产劳动要素的重要作用是有了它才使草地从自然体成为具有经济意义的草地资源，甚至可以创造新的草地资源——人工草地；此外，生产劳动要素参与的强度形成并表现为草地资源与草地生产力的历史发展阶段。

草地资源功能和特性具有整体性。表现为任何一块草地资源特征的气候过程、地貌过程、土壤过程、生物过程和生产过程等，都是在统一的时间内各自发生而又相互作用的，每个过程在草地资源的特点和时空分布规律方面都有一定的反映，但又不能或不易同时分别表述，这种情况深刻反映了草地资源功能和特性体现的整体性。例如，草地的气候条件发生长期的变化，影响到地带性的土壤发育和植物群落的构成，这就会使草地在类一级之间发生演替。又如，由于家畜过多，放牧过重，土壤和植被遭到破坏，进而迫使草地的产草量和家畜的生产性能降低，使草地资源构成的各因素在新的基础上构成新的平衡，这种情况在草地上十分常见，人所熟知的草地、家畜退化，就是草地资源功能和特性体现的整体性的典型。

（二）草地资源的自然属性

草地资源的自然属性体现在数量的巨大性、质量的差异性、空间位置的有序固定性和资源发展的阶段性四个方面。

草地资源数量的巨大性体现在：全世界的三大农业自然资源中，草地面积最大，占地球陆地面积的51.88%；草地分布最广、类型繁多。草地对环境、水、热条件的广泛适应性，使世界上存在有繁多的草地类型和相应的草地畜牧业生产类型；草地的植物量很大。全世界的植物生物量中，草地植物量占36%~64%。

由于太阳和地球的关系及地球本身的一些特点，在地球上形成了许多不同的环境区，并因而形成了许多地域特性的草地。草地资源的地域性分布造成草地资源质量的巨大自然差异性，随着生产力水平的提高和人类对草地资源利用范围的扩大，这种差异性还会逐步扩大。

由于地球表面生态环境区空间位置的有序固定性，时间变化的周期性，草地资源及其类型在地球表面的分布也是有序固定的。每一块草地及其类型都有其特定的空间位置和形态特征，都具有明显的疆界。人们可以在一定程度和范围内改变其形态，但它的面积不可以任意延展，它的位置不可能任意移动。草地资源位置及其类型的有序固定性，就在一定程度上决定了草地资源的区位差异及使用上的经济价值差异。

作为不断发展变化的草地资源，在一定的时间范围内，必然处于一定的发展阶段，并表现其资源特征。当草地资源的能量和物质输入与（产品）输出大体相同时，资源处于平衡的稳态阶段；当能量与物质的输入大于输出时，利用不足，草地资源就处于正向发展的集聚与富化状态阶段；当能量与物质的输入小于输出时，草地资源就处于负向发展的消耗与贫化状态阶段，如过度放牧、连年刈割、水土流失、干旱和荒漠化等。当草地资源贫化到丧失自我恢复能力时，就会发生质变，使草地资源不复存在。

（三）草地资源的经济特性

地球上大多数草地位于干旱、寒冷地区，容易受外力影响而发生系统的结构及功能的紊乱与相悖，表现为健康受损和逆行演替，这就是草地退化。但草地资源是活的资源，也具有可逆性，具有不断利用水、光、热、土壤养分等自然更新的能力。此外，草地生态系统具有开放的特性，它可以不断地接受系统以外的能量、水分、元素及支持性能量，以维持和强化系统的生存与运动，同时又把植物和动物的有机质输出系统之外，保持草地资源或草地生态系统的平衡与稳定。

陆地面积、水的数量以及到达地面的太阳辐射，在一定的时间内其数量是一定的，在单位面积上由光、水、热量所决定的草地植物自然生产力是有限的。同时，在一定的社会发展和技术水平条件下，人们能够开发利用的草地资源，其范围、类型和形式也是有限的。另外，各种类型的草地，由于其本身的自然和经济条件，又决定了一定的草地类型，只能采用一定的利用方式和建立某一层的生产和产业，而不适合于另一利用方式和建立另外的生产和产业。地球各自然要素的有限和草地资源利用上的局限，是草地资源数量有限性的依据。但是这种数量的有限性和利用的局限性都是相对的。随着社会的发展，科学技术的进步，人们可以改善草地的生产条件，利用优良的牧草品种，提高光能转化率；利用优良的家畜品种，提高牧草转化率；利用各种草地畜牧措施，综合提高草地牧业的生产率；对草、畜产品进行加工、交换和流通，使产品增值、劳动增收、效益增高；开发利用草地资源的其他功能，拓宽发展草地生产的领域，充分发挥草地资源非物质生产效能。这样，草地的生产潜力又是可以持续发展的。

在农业自然资源中，草地资源与空气、光照、热量、降水等不能占据的资源不同，它可以被个人、法人或国家垄断，因而它可以和其他资产一样，成为个人、法人或国家的固定资产，从而有租赁或出售的价值即具有资产性。草地资源在具有资产性的属性基础上，无论在哪个社会发展阶段，都可由于有效能的投入、区位的变化、需求的增加、利用方式的集约化、生态环境意识的增强等因素而产生资产的增值。

草地资源的开发和经营，都是由一个个大小不同的生产单位主持进行的，这是草地资源利用的个体性。草地生产由于其经营的特性，每个生产单位所拥有的草地面积较大，较大面积的草地利用得好坏，对自然生态环境和社会经济的影响也较大。每一区域性草地利用的后果，尤其是不良的后果，不仅影响本区域的自然生态环境和经济效益，也会影响到邻近区域甚至是国内和国外，并产生巨大的社会后果。

（四）草地资源功能的多样性和生产开发的多层次性

由于草地资源结构的复合性或多组分构成的属性，因而决定或赋予了草地在功能和用途上的多样性（可参阅前面第一章第二节草原生态系统服务功能）。随着人类社会的发展和人们生活需求的增加，天然草地和人工草地功能和用途的多样性还在不断增多。

草地植物资源具有的许多用途——生产牧草和枝叶饲料、生产野生药材、生产野果、生产菌类、生产野生花卉、生产野生植物纤维、生产野生油籽、生产薪柴等，被人们普遍认识和开发利用的主要是牧草、薪柴和药材。当今由于养殖业的发展，牧草产品——干草捆、干草块、干草粉和牧草种子等已成为重要商品，产值很大。不少地方药材产品由于过度采集，资源已经枯竭，除了有计划地保护外，人工栽培已成为必然的生产途径，但药效往往不尽如人意。薪柴生产由于往往破坏草地资源，应有新的能源代替。草地植物资源其他的功能和用途有待进一步开发和利用。

在草地植物生产的基础上，家畜、野生动物等利用牧草生产出人类可以直接利用的肉、奶、毛、皮、药等高级的动物有机物，这就是草地的动物生产或次级生产。

在草地的初级生产中，经过加工调制的干草捆、干草块、干草粉等，经过清选的牧草和草坪草种子，草皮农场生产的草坪专用草皮卷都是运输方便，可以进行流通和交换的大宗商品，草地动物生产的肉、奶、毛、皮等，都可以加工、交换与流通。

工贸生产层或后生物生产层就是对植物生产层和动物生产层的草、畜产品进行加工、交换和流通的过程。从植物生产到动物生产，其生物学效率是由大到小的金字塔形，即大量的植物产品能只能转化为少量的动物产品能，转化率一般为10%。但社会把草地上的鲜草加工为草产品，把粗畜产品加工为原料畜产品和工业、手工业畜产品，并在进入流通领域后，可以使经济效益变大。也就是在草、畜产品的加工、流通和交换过程中，都能创造价值，增加财富。与生物学效率的变小相反，草、畜产品在加工与流通中价值逐渐增大，成为由小到大的倒金字塔形。

第二节　中国草地分类

一、草地分类概述

草地类型是存在于一定空间的具有特定自然与经济特征的具体草地地段，是草地的组成单元。草地是一个广义概念，草地类型则是具体的草地，草地总是以类型的形式存在，由许许多多类型单元所组成。人类认识、评价、利用草地都离不开草地类型，是以草地类型为单元的。

草地分类的实质是人们根据自己的目的，立足对草地的自然和经济特征、发生发展的认识和程度，从多元的因子中归纳抽象出一定的因子，作为分类的依据，建立分类的系统与标准。因目的与角度不同，产生了不同的分类系统。

二、中国草地分类

（一）分类指标体系

中国现行的主要草地分类方法，本质上都属于发生学分类体系，注重草地成因与植被因素。代表性的分类方法有：贾慎修植被-生境分类法、许鹏发生经营学主体特征综合分类法、任继周、胡自治综合顺序分类法。下面摘要介绍一下全国统一草地资源调查拟定的中国草地分类法。

这一分类系统自1979年提出初稿，经过多次修改，到1988年形成中国草地类型分类单位和划分标准，1988年3月，农业部畜牧兽医司公布《中国草地类型的划分标准和中国草地类型分类系统》，确定全国采用类、组、型三级分类系统，作为全国统一的标准，在全国各地资源调查及资料汇总中采用。其分类的原则属于以贾慎修为代表的"植被-生境分类体系"，采用类、组、型三级分类，设亚类作为类的补充，亚型作为型的辅助单位。各级划分标准如下。

类（第一级）：成因一致，反映以水、热为中心的气候和植被特征，具有一定的地带性或反映大范围内生境条件的隐域性特征，各类之间在自然和经济特性上具有质的差异。类是草地分类的高级单位。

亚类：是类的补充，在类的范围内，亚类可以根据大地形、土壤基质和植被的分异来进行划分。不同类划分亚类的依据可以有所不同。

组（第二级）：在草地类和亚类范围内，以组成建群层片的草地植物的经济类群进行划分。各组之间具有生境条件和经济价值上的差异，是草地经营的基本单位。

型（第三级）：在草地组的范围内，以具有饲用价值的主要层的主要优势种（1~2个）相同，生境条件相似，利用方式一致来划分。型是草地分类的基本单位。

亚型：是草地类型分类系统的辅助单位，是型的补充。亚型在型的范围内，根据主要层的优势植物相同来划分。

划分类的指标是热量（温性、暖性、热性、干热、高寒）与植被型或亚型（草甸草原、草原、荒漠草原、草原化荒漠、荒漠、草丛、灌草丛、稀树灌草丛、草甸、沼泽）。

作为划分组的指标是草地植物经济类群，采用的有高禾草、中禾草、矮禾草、豆科草本、大莎草、小莎草、杂类草、蒿类半灌木、半灌木、灌木、小乔木。

对于型的划分和命名，提出应遵循下列原则：

1.在草甸类的主要层中，往往难以分出主要优势种，在这种情况下，可选择优势种中优势度最大的饲用植物命名，其余可按属或经济类群来命名，如裂叶蒿、薹草型，蓬子菜、丛生禾草型。

2.在主要层中的主要优势种为非饲用植物时，除优势种要加括号表示外，还要从草地型中选择一种可食的植物或在草群中占比较大的属名来命名，如（狼毒）、长芒草型；（乌头）、薹草型。

3.主要层中出现乔木、灌木的优势种时，可分以下情况处理：

（1）具有饲用价值的乔木、灌木，可按其优势种的名称来命名，如榆、褐沙蒿型；小叶锦鸡儿、克氏针茅型。

（2）具有饲用价值的乔木、灌木，其优势种的饲用价值相同，生境相似的，可将不同种的优势种进行合并，用属名来进行命名，如狭叶锦鸡儿、短花针茅型；中间锦鸡儿、短花针茅型；荒漠锦鸡儿、短花针茅型，可合并成锦鸡儿、短花针茅型。

（3）没有饲用价值的灌木、乔木的优势种要加括号表示。如（马尾松）、白茅型；（窄叶鲜卑花）、四川蒿草型等。

（4）没有饲用价值的乔木、灌木为优势种，且其下层草类饲用植物又相同时，可将优势的灌木合并统称为"灌木"来表示。如（窄叶鲜卑花）、四川蒿草型、（小叶杜鹃）、四川蒿草型可合并成（灌木）、四川蒿草型。

（二）草地分类

中国草地共划为18类，部分草地类根据地形、海拔、土壤等主要立地因素划分出亚类，共21个亚类（《中国草地资源》，1996），详见表4-1。

表4-1　《中国草地资源》(1996)划分的草地分类

类	亚类	类	亚类
I 温性草甸草原类	Ⅰ 平原丘陵草甸草原亚类 Ⅱ 山地草甸草原亚类 Ⅲ 沙地草甸草原亚类	XⅦ 高寒草甸类	Ⅰ 高寒草甸亚类 Ⅱ 高寒盐化草甸亚类 Ⅲ 高寒低地沼泽化草甸亚类
Ⅱ 温性草原类	Ⅰ 平原丘陵草原亚类 Ⅱ 山地草原亚类 Ⅲ 沙地草原亚类	XV 低地草甸类	Ⅰ 低湿地草甸亚类 Ⅱ 盐化低地草甸亚类 Ⅲ 滩涂盐生草甸亚类 Ⅳ 沼泽化低地草甸亚类
Ⅲ 温性荒漠草原类	Ⅰ 平原丘陵荒漠草原亚类 Ⅱ 山地荒漠草原亚类 Ⅲ 沙地荒漠草原亚类	XVI 山地草甸类	Ⅰ 低中山山地草甸亚类 Ⅱ 亚高山草甸亚类
Ⅳ 高寒草甸草原类		X 暖性草丛类	
V 高寒草原类		XI 暖性灌草丛类	
Ⅵ 高寒荒漠草原类		XⅡ 热性草丛类	
Ⅶ 温性草原化荒漠类		XⅢ 热性灌草丛类	
Ⅷ 温性荒漠类	Ⅰ 土砾质荒漠亚类 Ⅱ 沙质荒漠亚类 Ⅲ 盐土质荒漠亚类	XIV 干热稀树灌草丛类	
Ⅸ 高寒荒漠类		XⅧ 沼泽类	

三、2022年全国林草湿调查监测技术规程划定的草原分类

《2022年全国森林、草原、湿地调查监测技术规程》中以植被类型为划分依据，在充分考虑地形、土壤和经济因素的情况下，以气候特征（热量）和植被基本特征为依据，将全国草原类划分为温性草甸草原类、温性草原类、温性荒漠草原类、高寒草甸草原类、高寒草原类、高寒荒漠草原类、温性草原化荒漠类、温性荒漠类、高寒荒漠类、暖性草丛类、暖性灌草丛类、热性草丛类、热性灌草丛类、干热稀树灌草丛类、低地草甸类、山地草甸类、高寒草甸类、沼泽草甸类、温带稀树草原类和人工（栽培）草地类，共计20类。与1996年的分类体系相比，增加了

温性稀树草原类和人工（栽培）草地类。随着湿地被国家提升为一级地类后，2023年全国草原调查监测草原类中移除了沼泽草甸类，把其归入湿地调查监测项目中。

四、草原多维分类方法探讨

董世魁等（2023）在吸收国内外草原分类的先进理论方法和技术体系的基础上，借鉴中国林地多元化分类的框架体系，提出了中国草原多维分类体系的原则、方法和指标，构建了基于发生学、功能用途、产权属性、经营程度等四个维度的草原分类系统。

（一）发生学纬度的分类系统

在"类"上面设"类组"作为一级分类单元，将原分类系统中的一级分类单元"类"适当调整作为二级分类单元，去掉原分类系统中的二级单位"组"，将原分类系统中的"型"做合并调整后作为三级分类单位。具体划分依据和结果如下：

类组 以植被类型为划分依据，将全国草原划分为草原、草甸、荒漠、灌草丛、稀树草原、人工（栽培）草地等6个类组。

类 以气候特征（热量）和植被基本特征为依据，考虑地形、土壤和经济因素，将全国草原划分为温性草甸草原类、温性草原类、温性荒漠草原类、高寒草甸草原类、高寒草原类、高寒荒漠草原类、高寒草甸类、低地草甸类、山地草甸类、沼泽草甸类、温性荒漠类、温性草原化荒漠类、高寒荒漠类、暖性草丛类、暖性灌草丛类、热性草丛类、热性灌草丛类、温性稀树草原和干热稀树草原等19类（表4-2）。外加各类人工（栽培）草地，一共20大类（表4-2）。

型 以植物群落主要层片的优势类群（属）为主要依据，结合生境条件和经济价值来划分。按照优势种属一级的分类单位或生活型进行归并，如中禾草组不同草地型可以归为针茅属草地型、羊茅属草地型和披碱草属草地型等。

表4-2 草原发生学分类系统的分类结果

一级分类单元		二级分类单元		一级分类单元		二级分类单元	
类组		类		类组		类	
序号	名称	序号	名称	序号	名称	序号	名称
I	草原	1	温性草甸草原	III	荒漠	11	温性荒漠
		2	温性典型草原			12	温性草原化荒漠
		3	温性荒漠草原			13	高寒荒漠
		4	高寒草甸草原				
		5	高寒典型草原	IV	灌草丛	14	暖性草丛
		6	高寒荒漠草原			15	暖性灌草丛
						16	热性草丛
II	草甸	7	高寒草甸			17	热性灌草丛
		8	低地草甸				
		9	山地草甸	V	稀树草原	18	温性稀树草原
		10	沼泽草甸			19	干热稀树草原
				VI	人工（栽培）草地	20	人工（栽培）草地

（二）经营程度分类

这一维度的分类体系是参照西欧国家普遍使用的农业经营分类法，根据草原的发生、发展过程进行分类，参考《森林法》中对森林按天然林、次生林和人工林分类的体系，将草原的一级分类划为天然草原、人工（栽培）草地和其他草地3个类组。在一级分类的基础上，二级分类根据草原的培育经营程度，将对应的各类组草原划分为14类（表4-3）。

（三）功能用途分类

这一维度分类体系的一级分类根据草原的"三生"（生态、生产、生活）功能和用途，将中国草原划分为生态公益类草原、生产经营类草原和生活服务类、综合功能用途类草原等4个类组，二级分类根据草原的主导功能或利用方式，在每一类组下面共划分成15类（表4-4）。

表4-3 草原经营程度分类系统的分类结果

一级分类单元		二级分类单元	
类组		类	
序号	名称	序号	名称
I	天然草原	1	荒野地天然草原
		2	牧用地天然草原(天然牧草地)
		3	经施肥、灌溉、补播等措施改良的天然草原
		4	森林砍伐或火烧迹地形成的次生草地
		5	沼泽湿地退化形成的次生草地
		6	荒漠(石漠)化土地改良后形成的次生草地
		7	草地耕地撂荒后恢复形成的次生草地
		8	退耕还草等生态工程建设形成的草地
		9	极度退化天然草原人工重建恢复形成的草地
II	人工(栽培)草地	10	工矿受损草原人工重建恢复形成的草地
		11	种植牧草或饲料作物的草地
		12	城市绿地草坪
		13	运动场草坪
III	其他草地	14	未经营利用的草地

表4-4 草原功能用途分类系统分类结果

一级分类单元		二级分类单元	
类组		类	
序号	名称	序号	名称
I	生态公益类草原	1	水土保持类
		2	草原防风固沙类
		3	草原水源涵养类
		4	草原固碳释氧类
		5	草原生物多样性维持类草原
		6	种质资源保存类草原
II	生产经营类草原	7	放牧利用类草原
		8	割(打)草利用类草原
		9	放牧和割(打)草兼用类草原
III	生活服务类草原	10	国防基地草原
		11	文化遗迹地草原
		12	科研示范用草原
		13	文化传播用草原
		14	生态旅游用草原
IV	综合功能用途类草原	15	兼有多种功能用途的草原

（四）产权属性分类

这一维度分类体系的一级分类根据《草原法》中规定的所有权，将中国草原划分为国有草原和集体草原2个类组，二级分类根据草原的使用权（承包经营权）在每一类组下面共划分成11类（表4-5）。

表4-5　草原产权属性分类系统的分类结果

一级分类单元			二级分类单元	
类组			类	
序号	名称	序号		名称
I	国有草原	1		承包到户的国有草原
		2		国有牧（草）场使用的国有草原
		3		寺庙等使用的国有草原
		4		国家公园等保护地使用的国有草原
		5		国防和科研等公益事业使用的国有草原
II	集体草原	6		未承包的国有草原
		7		承包到户的集体草原
		8		承包到小组的集体草原
		9		国家公园等保护地使用的集体草原
		10		国防和科研等公益事业使用的集体草原
		11		未承包的集体草原

第三节　中国草地分类简介

本节对全国草地资源普查采用的中国草地类型分类系统分别简介如下。其他学者提出的不同分类系统中的草地类型特征的描述也可以参考本节。

一、温性草甸草原类

温性草甸草原草地是在温带半湿润气候下发育形成的，是草原草地类组中最湿润的部分，所处地区年降水量350~400（500）mm，≥10℃年积温在1800℃~2200℃之间，湿润度（伊万诺夫湿润度，下同）0.6~1.0，干燥度1.0~1.5。优势土壤类型为黑钙土、淡黑钙土，有时也发育暗栗钙土。

草甸草原的建群种为中旱生或广旱生的多年生禾本科和部分杂类草植物，经常混生大量中生或旱中生植物，主要是杂类草，还有疏丛与根茎禾草、薹草，典型旱生丛生禾草仍起一定作用，但一般不占优势。草原旱生小半灌木几乎已不起作用。

在西部黄土高原的森林草原带中，草甸草原常见于丘陵阴坡，与阳坡上的草原复合存在。在山地，草甸草原往往分布于山地草原带上部的阴坡，阳坡则为草原，沟谷内可以是山地草甸和灌丛，并组成复合体。

草甸草原草地牧草种类多，生长茂盛，草层较高（30~50cm），覆盖度较大（60%~80%），产草量高（1200~1800kg/hm²，干草）、质量好、生产力高，在草业生产中具有重要价值。

二、温性草原类

温性草原草地是在温带半干旱气候下发育形成的，是草原草地类组中处于中等水分条件，也是最具有代表性和所占比重最大的类。所处地区年降水量250~350mm，≥10℃年积温2200℃~3600℃，湿润度0.3~0.6，干燥度1.5~2.5。降雨多集中在夏季，春旱比较严重。优势土壤类型为栗钙土，随着土壤水肥和植被发育不同，也有暗栗钙土或淡栗钙土。

温性草原的建群种以旱生丛生禾草为主，并混生有一定数量的中旱生、旱生杂类草，也有以旱生半灌木、小半灌木为建群种的草地型。它们通常由丛生禾草演变而来，也有的是次生演替系列中丛生禾草的前期阶段。

黄土高原中西部发育的草原属此类。温性草原草地分布面广，在草业生产中具有很重要的位置，不同地区草地生产力有较大差异，一般草层高度15~25cm，盖度30%~60%，产干草600~1200kg/hm²，草质中等，有些种类在部分时期可进入优等。

三、温性荒漠草原类

温性荒漠草原草地是草原草地类组中最为干旱的部分，水平分布在草原带西侧，以狭带状呈东北–西南方向分布，往西逐渐过渡到荒漠区，也可以上升到荒漠区的山地，呈垂直带状分布。气候上处于半干旱区与干旱区的边缘地带。≥10℃年积温2000℃~3000℃，年降水量150~250mm，湿润度0.15~0.3，干燥度2.5~4.0。草地植物组成以旱生的荒漠草原种小丛禾草为主，或者与旱生荒漠半灌木共同组成，后者的参与度可达30%~50%。少部分也可由荒漠草原种半灌木为建群种组成。植被组成既具有荒漠草原的特有性，又具有草原与荒漠成分的结合性，反应荒漠草原草地介于草原草地与荒漠草地之间的过渡性。组成植物区系成分特征与草原草地相同。其着生地的优势土类为淡栗钙土、棕钙土、灰钙土，土壤较干燥、肥力较低。

荒漠草原草地同样按着生地的地形划分三个亚类，平原丘陵荒漠草原亚类主要分布于内蒙古高原中北部、鄂尔多斯高原中西部、黄土高原北部和西部、宁夏中北部和甘肃东部；山地荒漠草原亚类分布于荒漠区和青藏高原西部山地；沙地荒漠草原亚类主要分布于内蒙古中西部荒漠草原带以风沙土为基质的地区。

荒漠草原中也常混生有灌木，由于水分条件较差，生长不如草原带，更不如草甸草原带茂盛。主要灌木种类为锦鸡儿属植物。

荒漠草原草地占中国草地总面积4.82%。草层一般高10~20cm，盖度20%~25%，干草产量约300~600kg/hm²，草群蛋白质含量都高于草原和草甸草原草地，草质较好，最适羊、马放牧利用，多是冬、春秋牧场。

四、高寒草甸草原类

高寒草甸草原草地在低温、半干旱的高寒气候下出现，是高寒区草原类组中偏湿的一类，分布在青藏高原以及甘肃、新疆高大山体的高山、亚高山部位。日均温≥10℃的天数多数不足50d，≥10℃年积温不足500℃，≥0℃年积温800℃~1000℃，年均温多为-4℃~0℃，年降水量300~400mm。

高寒草甸草原草地植被组成在寒旱生丛生禾草中出现有中旱生的杂类草层片。分布于高寒草原与高寒草甸之间或高寒稀疏植被带之下，海拔3600~3800m，较开阔平级的亚高山北向坡地，在青藏高原、冈底斯山北坡，与东部那曲-玛多高寒草甸相毗邻的高山。高寒草甸草原最普遍的是紫花针茅与高山蒿草、杂类草组成的草地型。草层高度10~40cm，草群盖度可达50%，产干草220~600kg/hm²，但草质较粗糙。总的来看，高寒草甸草类在高寒区草原类组草地中所占比重不大、分布不广，占全国草地总面积的1.75%。

五、高寒草原类

高寒草原草地是在中国西北部高海拔的高原、高山，是寒冷干旱多风的条件下发育而成的，集中分布在青藏高原西部的羌塘高原、青南高原西部、藏南高原以及西部温带干旱区各大山地高山区，是高寒区草原草地类组中典型的、数量最大、分布最广的草地类。分布区年均温-4.4℃~0℃，≥10℃年积温不足500℃，≥0℃年积温800℃~1100℃，生长期90~120d，年降水量100~300mm。其中80%~90%都在6~9月，水热周期为牧草生育创造有利条件。植物组成以寒旱生丛生禾草为主。草群稀疏、低矮，覆盖度20%~30%（变幅10%~60%），草层高度5~15cm，最高可达20~40cm，产干草130~770kg/hm²。该草地占全国草地总面积10.6%。

六、高寒荒漠草原类

高寒荒漠草原草地是在气候更加干旱寒冷条件下形成的，年均温0℃左右，≥10℃年积温在500℃左右，≥0℃年积温在1000℃~1500℃，年降水量多在200mm以下，是由高寒草原向高寒荒漠草地过渡的类型。在西藏高原呈条带状分布于南羌塘高寒草原和藏西北荒漠之间的区域，在新疆主要分布在昆仑山内部山原东南部与西藏毗连的地带，以及玉龙喀什河和克里雅河源头地区。占据着干旱湖盆外缘砂砾质缓坡、剥蚀的高原区、山麓洪积扇和山坡地。

高寒荒漠草原的植被组成，是在高寒草原丛生禾草、根茎薹草中加入了荒漠半灌木。着生地为质地较粗，且覆有碎石砾的高山荒漠草原土。

高寒荒漠草原草层高度5~7cm，盖度10%~20%，产干草150~300kg/hm²。分布区生境严酷，地处边远，草地生产力低，又多缺乏人畜供水，大部分未能开发利用。该类草地占全国草地总面积2.44%。

七、温性草原化荒漠类

温性草原化荒漠类草地是在干旱荒漠气候的基础上，得到稍许湿润的条件，在荒漠植物中加入了参与度达10%~30%的小丛禾草，成为介于荒漠与荒漠草原之间的过渡类型。年降水量稍多于荒漠，达120~200mm，≥10℃年积温在2600℃~3400℃，气温年较差、日较差均较大。湿润度<0.2，干燥度5.0~6.0。在内蒙古西部、甘肃、宁夏北部和新疆阿尔泰山前地带有窄带状分布。有些草原化荒漠的出现是由于地表径流水的补给，在荒漠中片状分布。草原化荒漠类草地同样也可以在山地荒漠中出现。着生地为沙砾质或土质灰棕荒漠土、灰漠土、淡棕钙土、淡灰钙土，所处地区往往风大沙多，地表风蚀、剥蚀比较强烈。

温性草原化荒漠的建群种是强旱生的荒漠半灌木、灌木种。半灌木成分多为盐柴类半灌木，蒿类半灌木较少见。灌木中锦鸡儿属植物最为普遍，在内蒙古西部有大片分布。亚建群层片为小丛禾草，草群中往往有大量一年生草本加入。小丛禾草与一年生草本的多度，随年降水量变化有明显波动，产量极不稳定。

草原化荒漠草群中灌木层高度可达70cm，半灌木与草本层高度在20cm以下，盖度15%~20%（30%），产干草300~500kg/hm²，主要用于小畜冷季和骆驼全年放牧场，利用价值优于荒漠草地，不失为荒漠地带较好的部分，面积占全国草地总面积的2.72%。

八、温性荒漠类

温性荒漠草地是在极干旱的气候条件下发育形成的，是草地中最干旱的部分，年降水量100~150mm，内蒙古阿拉善盟的西阿拉善区年降水量只有60mm，新疆阿尔金山脚下的若羌县为16.7mm，位于吐鲁番盆地的托克逊县仅3.9mm。≥10℃年积温3100℃~3700℃，蒸发量大于降水量的几十倍或更多，湿润度<0.1，干燥度4.0以上至16或更大，植物生长需要的水分来源基本上是由地下水和大气中凝结的水汽来供应，土壤发育差、土层薄、质地粗，土壤中有机质含量很低，优势土壤类型为灰棕色荒漠土与棕色荒漠土，还有灰钙土、荒漠灰钙土。由于荒漠草地地处内陆，土壤基质中或多或少含有不同种类的盐分，易于发生盐渍化过程。

温性荒漠草地的建群种为超旱生的半灌木、灌木和小乔木。很少有多年生草本，在中亚荒漠类型有短生、类短生草本发育，在亚洲中部荒漠区有长营养期一年生草本发育，但它们的多度随降水量变化很大。较湿润年份，在一些荒漠上，藜科一年生草本形成层片，改变荒漠景观；干旱年份，甚至可以绝迹。温性荒漠草地是中国西部平原地带性草地，广泛分布于内蒙古高原西部阿拉善盟、巴彦淖尔盟，甘肃河西走廊，青海柴达木盆地、新疆准噶尔盆地与塔里木盆地。荒漠草地也可以上升到山地，是随荒漠气候向山地延伸而发生，因此山地荒漠实质上是平原荒漠向山地的延伸，草地植被性质相似。在昆仑山、阿尔金山、天山、祁连山都有山地荒漠带发育，在昆仑山可以上升到海拔3000m。温性荒漠草地是中国草地重要组成成分，占全国草地总面积11.47%。温性荒漠由于土壤基质不同，影响水盐状况变化，也导致草地植被的某些分异，相应地可划分为土砾质荒漠、沙质荒漠、盐土质荒漠三个亚类。草群高度、盖度、产量在不同亚类中差异较大，土砾质荒漠半灌木层高度10~30cm，

盖度 10%~30%；灌木层高度可达 60~90cm，盖度 30%~40%，产干草 150~
300kg/hm²；沙质荒漠中半固定沙丘上的小乔木、灌木高度在 1m 以上，盖
度 5%~10%，固定沙丘草层高度 10~40cm，盖度 15%~30%，产干草 270~
450kg/hm²；盐土质荒漠中多汁盐柴类半灌木高度 10~60cm，盖度 10%~
30%，产干草 300~600kg/hm²，通常草质低劣，只有嫩枝可供牲畜采食，
适宜放牧骆驼。

九、高寒荒漠类

高寒荒漠草地发生在高海拔（4000m 以上）的内陆高山和高原。这里
气温低，≥0℃年积温 1000℃或稍多，冷季长、生长季极短、降水稀少，
年降水量在 100mm 以下，日照强、风大，植物处于物理和生理干旱作用
下，发育形成特殊的荒漠类型。植被由垫状小半灌木组成。分布于祁连
山西部高山带，昆仑山内部山原，青藏高原北部，帕米尔高原的大河源
头，高原湖盆碎石滩及一些坡谷地，在稍许湿润的地段，发生草原化，
加入几种小禾草、小薹草。草层高度 5~7cm，盖度 5%~15%，产干草不足
150kg/hm²。高寒荒漠占全国草地总面积 1.92%。但由于环境恶劣，产草
量低，利用价值不大，多为高山野生动物栖息地。

十、暖性草丛类

暖性草丛草地是在暖温带落叶阔叶林区域，山地丘陵的森林灌丛反
复破坏后形成的已经稳定的次生植被。由于生态条件改变，主要是土壤
瘠薄干旱，在较长时间内也难以自然恢复为森林或灌丛，成为已经稳定
的草丛草地。这里气候温暖湿润，≥10℃年积温在 2600℃~3200℃，年降
水量 400~600mm，湿润度为 0.4~0.6，干燥度<1，但由于森林灌丛被破
坏，水分易流失，土壤仍显干旱。另外，暖性草丛草地也可以出现在亚
热带地区山地的中山带以上，虽然山地基带为亚热带气候，但由于海拔
升高、气温降低，中山以上出现温带气候，这里由于森林破坏形成的草

丛草地，从草地类型性质区分，也应归于暖性草丛之列。

暖性草丛的建群种多为旱中生的多年生禾本科植物，混生有杂类草或蒿类植物，经常有少量乔、灌木散生其中，它们是森林灌丛被破坏后的个别残留。有些地方，经过人工造林，但由于土壤瘠薄干旱，再加以人为破坏的继续，林木稀疏、生长缓慢，形成具有乔木的草丛草地，或被称为疏林草丛草地，林木多为松属树种。

暖性草丛主要分布在华北地区冀中、晋东南山地，黄土高原中南部等地。

低山丘陵地区，由于邻近农区，原生植被破坏最为严重，而且这里降水量相对较少，蒸发量相对较大，土壤干旱瘠薄，林木、灌丛破坏后，难以恢复，主要形成草丛草地。分布最广泛的是中禾草类型。在疏林下或放牧过渡地段，主要由小禾草组成，它还分布于山东、辽宁、江苏三省的海岸带。

山地草丛，出现在低山丘陵草丛带以上的低、中山带，其建群种与低山丘陵草丛相似。在亚热带温凉的中山带，暖性草丛发育在热性草丛带之上，山地草甸带之下，主要由中禾草组成，在草丛中常散生有阳性乔木。此外，还出现有由高禾草组成的类型。

暖性草丛草地草层高度多数可达50cm以上（60~80cm），盖度可达60%~70%或更大，干草产量1100~3000kg/hm²。

十一、暖性灌草丛类

暖性灌草丛草地是暖温带森林灌丛植被破坏后，形成的相对稳定的次生植被，草地中灌木郁闭度达到0.1~0.4，保留独立层片。暖性灌草丛水土条件比暖性草丛类好，对森林和灌木的人为破坏比暖性草丛类轻，土层厚度多大于30~50cm，含有一定量的有机质，基本上没有侵蚀现象，更多分布于山地，距离居民点远，从而使灌草丛具有顺向演替的较为有利的条件。封育3~5年有可能恢复为灌木林，如继续加重破坏，则可能逆向演替为暖性草丛，因此其稳定性不如草丛草地。只有在生境条件较差的地段，如陡峭、石质化强的山坡，缺乏顺向演替的土壤条件，群落的稳定性较好。

暖性灌草丛分布地区的气候条件与暖性草丛基本相同，从垂直分布看，在低、中山带分布较多。暖性灌草丛广泛分布于内蒙古高原外缘、华北地区、鲁中南丘陵山地、豫西山地、黄土高原中部和东西部，在亚热带温凉的中山带的山地草甸带的下方也有暖性灌草丛的广泛分布。

暖性灌草丛植被成分仍以多年生禾草为主，有相当多的灌木，乔木通常稀疏分散存在，也有乔木较多，郁闭度达到0.1~0.3，形成疏林灌草丛类型。

暖性灌草丛草地组成植物种类比草丛相对要多些，草层高度20~30cm，灌木层高度在1m以上，盖度50%~90%，产干草1200~2500kg/hm^2，主要饲用成分为禾草，草质中等。

十二、热性草丛类

热性草丛草地及下一类热性灌草丛草地的成因和基本分布规律与暖性草丛和暖性灌草丛相同。只是在亚热带、热带暖热潮湿气候环境下形成，具有一些特征性的区系成分。年降雨量1000（1500）~2000mm，除云南高原和川西高原有明显旱季，其他地区旱季不明显，从淮北到南岭之间，6~7月有梅雨现象。年均温14℃~22（26）℃，≥10℃年积温4500℃~6500（9000）℃，干燥度<1，以0.5~1.0为主，相对湿度保持在70%~80%。土壤主要为黄壤、黄棕壤、红壤、砖红壤等，强酸性反应。在相同的气候条件下，土壤的水、肥、结构状况、人类活动的方式与强度，是草地种类组成变化的决定因素。热性草丛、灌草丛是中国南方热带、亚热带草地的主体，占这一地区草地90%以上，其中热性草丛占45%~50%。

热性草丛是在热带、亚热带森林、灌丛植被遭到破坏后，在自然恢复过程中，经过一、二年生草本阶段，形成的多年生植被。广泛分布在亚热带常绿或落叶阔叶林区和热带季雨林区，接近居民点或地形相对较平缓的地段，如在西部高原和河谷，可上升到海拔2800m的中山带上部。组成热性草丛草地的草本植物多属旱中生类型，以禾草为主，划分为高禾草组、中禾草组与矮禾草组。中禾草组占绝大多数，高禾草组出现在水分条件较好、人类经济活动较少的地段，矮禾草组散生于居民点周围，是放牧过度的产物。还有以蕨为主的草丛，也常有很少量灌木和个别阳性乔木出现。

热性草丛牧草种类组成比较简单，草层高度中禾草组30~80cm，矮禾草组30cm以下。高禾草组有两层，上层80~150cm或更高，下层50cm以下，草层盖度60%~90%，产干草1600~3500kg/hm^2，宜青嫩期割草、放牧利用，秋后草质较粗硬，属于中、低等草地，在林下的草质稍软，放牧条件也较好。该类草地占全国草地总面积3.62%。

十三、热性灌草丛类

热性灌草丛草地的形成与热性草丛具有总的同一性，特点在于水土条件比草丛地段好，距离居民点较远，受人为破坏程度较轻，从而能保留有灌丛。从垂直分布看，多数出现于丘陵草丛带之上的低、中山地带。从演替的角度看，多数灌草丛，特别是水土条件较好的地段，具有顺向演替为灌丛乃至森林植被的可能性，比之草丛具有一定的不稳定性，而在水土条件较差的陡峭、石质化较强的山坡、半石质山等地段，不具备顺向演替条件，群落稳定性较好。

热性灌草丛草地在种类组成上较热性草丛类草地丰富、复杂。草丛中既有原始森林破坏后残留的高大乔木，又有人工种植的次生树种，其郁闭度多在0.1~0.3之间；还有一定数量的灌木，郁闭度在0.4以下，常常与高大禾草处在草群的上层。草本植物是构成灌草丛草地的主体，高禾草平均高度80~250cm，最高可达400cm，中禾草平均高度30~80cm，矮禾草一般在30cm以下。草群生长繁茂，总盖度往往达到100%，草本层盖度多为70%~90%。经济利用性状随灌木层郁闭度变化而有差异。郁闭度高，则生境更湿润，牧草较细嫩，枯黄较晚，产草量较低。热性灌草丛产草量略低于草丛类，干草可达1400~3000kg/hm²。青草期比草丛草地长10~15d，主要用于放牧，灌丛可以遮晒，牛较少采食灌木，放牧山羊更为适宜。

十四、干热稀树灌草丛类

干热稀树灌草丛草地是在中国热带和南亚热带干热河谷受热带季风控制，雨季和旱季明显，气候十分干热的条件下，森林破坏后形成的一类特殊的次生草地。它的群落结构近似热性疏林灌草丛，群落外貌又近似热带稀树草原，但从草地成因看，又不同于热性灌草丛和稀树草原。

在中国云南的元江、澜沧江、怒江、四川的金沙江、雅砻江等纵深切割的峡谷，接受的太阳辐射热能不易扩散，从热带吹来的季风被邻近的山峦阻挡，形成干热焚风，导致增温降湿，形成干热河谷特殊生境。年降水量相对较少，约600mm，而且集中于雨季，每年的旱季较长，蒸发量一般大于降雨量的2~4倍，例如云南沿金沙江的中心峡谷区，年均温21.9℃，≥10℃年积温高达8003℃，年降水量613.8mm，蒸发量3911.2mm，蒸发量相当于降雨量6.4倍，成为南亚热带最干旱的地区。在中国南方热带范围内的海南岛西部海滨沉积台地上，地形比较平坦，年降水量600~1000mm，而年蒸发量比降雨量大1倍以上，气候干燥炎热，遭受干热风袭击严重，也发育有干热稀树灌草丛。

总之，干热稀树灌草丛是处在特殊干热生境中的，年降水量大多集中在雨季，加之土壤浅薄、保水能力很差、旱季严重缺水，而且持续期较长，空气和土壤干旱综合在一起形成了特别干旱的生境，它不同于热性灌草丛湿热的中生环境，也不同于稀树草原干热旱生环境，因为在雨季时雨量充沛，多年生草本植物在长期适应过程中，形成了雨季生长发育旺盛，旱季生长缓慢，甚至地上部分干枯，具有抗旱性很强的特征。

群落中的灌木大多为常绿种类，丛生、疏密不一，旱季草本植物地上部分枯黄时，群落中突出绿色灌木，呈现出与一般稀树草原不同的干旱季相特征。孤立散生的乔木多为薄叶型，呈小乔木状或大灌木状，都是旱生阳性树种。在人为破坏较少，土壤条件较好的地段，灌木逐渐发展，草本层变弱，乔木初步形成层片，表现出向季雨林发展趋势。

高原峡谷类型分布在峡谷的低丘陵和台地上，草群以草本为主，散生灌木和稀疏孤立的乔木，草层高度60~80cm，盖度70%~90%。乔木树种一般高3~7m，通常分枝较低，向四周伸展，形成半球形树冠，有别于稀树草原中乔木习见的顶端平齐的伞状树冠。着生地土壤为红褐色红壤，多含沙砾和碎石。产干草1000~2000kg/hm²，夏秋前牧草质量较好，宜于放牧山羊、黄牛。分布在海滨台地上的类型，牧草产量和品质较优于峡谷类型。该类草地占全国草地总面积的0.22%。

十五、低地草甸类

低地草甸草地是由地形条件导致的水分补给，包括河流泛滥、潜水、汇集的地表径流，超出当地由气候决定的水分供应，形成局部土壤水分丰富的中生环境，而发育形成的草地。由于成因不是气候带所决定的，因此可以发生在温带、暖温带、热带和高寒地带具有这种地形和水源的环境中。这种隐域性草地不能呈地带性分布，但多出现在范围较大的地区，呈条带状、片状分布。由于地下水位较高，常伴随有盐碱化过程。低地草甸分布地域广泛，其面积占中国草地总面积6.4%，生成的地境主要为河漫滩、河谷地、冲积扇缘潜水溢出地、坡麓汇水地、湖滨周围、盆湖洼地、沙丘间低地和海滨滩涂等。这类草地主要由喜湿耐盐，并具有一定抗旱能力的中生、旱中生禾草、杂类草组成。

低地草甸根据着生地地形和水盐状况，划分为低湿地草甸、盐化低地草甸、滩涂盐生草甸、沼泽化低地草甸四个亚类。

十六、山地草甸类

山地草甸草地是在草原和荒漠地区，随着山地海拔升高，年降水量达到400~600mm，干燥度<1，形成中生环境而发生。多与中山森林带共存，或者在森林带之上的亚高山带发育。山地草甸在南方亚热带草山、草坡区也有发生，多分布在灌草丛带之上，温性的、海拔较高的中山地段。山地草甸由温性中生禾草与杂类草组成，中生灌木也有较多发育。山地草甸草地根据其分布的地貌部位，可以划分为中低山山地草甸和亚高山草甸两个亚类。

中低山山地草甸亚类是草地中水分条件最好的部分，在温带山地，它与森林带共存，出现于稍干燥的无林半阳坡、阳坡上。年降水量400~600mm，干燥度<1，植被组成以中生禾草、杂类草为主，种类比较丰富，花期景观华丽，属于高山草甸。在杂类草组的上层，常有疏灌丛层片出现。草群高度50~85cm，覆盖度85%~90%以上，产干草可高达1800~3000kg/hm^2.

亚高山草甸亚类分布区海拔较高，属于中草和低草草甸，在温带山地分布于森林–草甸带以上的亚高山区，气候较山地草甸寒冷，草层高度较低，一般10（20）~30cm，盖度50%~60%，产干草1100~1700kg/hm^2。

在热带、亚热带山地出现在海拔较高的高、中山和高原的山地草甸，大部分可归于亚高山草甸亚类。草群以小禾草、小莎草类草本为主，杂类草往往占有较大比重，干草产量1500~2000kg/hm^2。

十七、高寒草甸类

高寒草甸草地是在高寒湿润气候条件下发育，由寒中生草类组成的草地，这里年均温度一般在0℃以下，年降雨量350~550mm，土壤为高山草甸土。在中国主要分布于青藏高原东部和高原东南缘、帕米尔高原、祁连山、阿尔泰山、天山、昆仑山等西部大山的高山带。分布区海拔多

在 3000m 以上。这类草地分布广、面积大，占全国草地总面积的
17.78%，是中国主要的草地组成部分。在西藏、四川、青海、新疆都有
大面积的分布。

高寒草甸主要由薹草属、嵩草属和一些小丛禾草、小杂类草植物组
成，具有草层低矮、结构简单、生长密集、覆盖度大、生长季节短和生
物产量低等特点。

高寒草甸草地草层高度一般 10~15cm，盖度 80%~90%，牧草质量和
适口性较好，产干草 800~1200kg/hm²，耐牧性强，各类家畜均宜，特别是
放牧羊、马、牦牛最为合适，由于气候高寒，主要用作夏季或夏秋季牧
场。在西藏高原宽河谷发育的由西藏嵩草组成的沼泽化高寒草甸，若加
以保护，草层高度可达 30cm，盖度 80% 以上，是打贮冬草，或冬春备荒
放牧的重要草地。

十八、沼泽草地类

沼泽类草地是在地表终年或季节性积水，土壤过湿的生境中发育的
隐域性草地类型，分布十分广泛。它主要的分布生境有两种，一种是平
原中局部低洼地、潜水溢出带、泉水汇集处、河湖边缘，另一种是在高
原和各大山地上部的宽谷底部、冰蚀台地。分布面积最大的草本沼泽在
东北三江平原和四川西北的若尔盖高原，在亚热带山地也有沼泽形成。
沼泽草地植物组成比较简单，主要由大禾草、大莎草及高大杂类草组
成。以湿生植物占优势，亦有沼生植物和浮水、挺水植物。草群生长茂
密、覆盖度高，多在 80%~100%，禾草为主的草群高度多在 100cm 以上，
莎草类为主者高度在 50~80cm。干草产量 1500~5000kg/hm² 不等。

第五章　草原资源调查

第一节　草原资源调查概述

一、调查目的

草原资源调查是草原资源管理、开发利用和保护的基础性工作，其主要任务是查清草原资源的自然条件，草原的类型、种类、数量、质量、结构、空间分布，同时调查与之相关的气候、水文、土壤和其他生物资源、社会经济条件、经营利用状况，取得的经验和发现存在的问题，并及时解决。

二、调查内容

草原资源调查工作是集资源与生产、社会与经济的综合性调查，它包括对草原资源形成基本要素——气候土壤的调查与分析，草原植物、动物资源的调查，草原类型及其生产力、水土资源的调查，种植业及非草原生产的饲料资源调查，草原资源经营现状调查与分析等。

草原资源调查的内容与资源调查的目的紧密相关，目的不同，调查内容的侧重点不同，在具体工作中，草原调查的内容应根据要解决问题的目标来决定。

第二节　草原调查监测

一、草原调查监测

草原调查监测是草原资源调查的重要组成部分，它以草地植被调查为核心，通过调查植物种类、高度、盖度、产草量等主要指标，并辅以立地条件、利用状况、地表特征等的调查，综合分析草地质量，为草原资源年际变化提供参考。

在各国重视生态环境保护治理的时代背景下，草原调查监测的重要性凸显。自2021年开始，草原资源基况监测被国家作为支撑年度国土变更调查、草地生态系统保护修复、监督管理、林长制督查考核、实施碳达峰碳中和战略等提供决策支撑，为生态文明建设目标评价考核提供科学依据的一项基础性工作。

二、草原调查监测的意义

草原调查监测是一项重大的基础性自然资源调查监测工作，是推进生态文明建设的强基之举，是实现山水林田湖草沙系统治理的基础支撑。

统一开展林草湿调查监测工作是自然资源部、国家林业和草原局落实党中央、国务院关于机构改革重大决策部署的重要举措，各级自然资源主管部门与林草主管部门要高度重视这项工作，按照"党中央精神、国家立场、权责对等、严起来"的要求，切实转变观念，以高度负责的态度，密切配合，全程负责，履职到位，不折不扣地完成好这项工作。

三、草原调查监测的总体目标

草原调查监测以样地调查为单元，通过各因子调查，获取草原资源的种类、数量、质量、结构、分布、功能、保护与利用状况及其消长动态和变化趋势。

四、调查监测所需装备

调查设备：GNSS定位设备、数据采集设备、照相机、罗盘仪、样本袋、样方框、刺针、便携式电子秤、枝剪、割草刀、剪刀、标桩、卷尺、皮尺、测绳、铁锹、便携式坡度仪等调查工具，以及数据采集、存储、处理与管理的软硬件（见表5-1）。

外业装备：野外服装、防护用品、应急药品、求救设备等劳保用品以及专业工具包。

表5-1　草原监测外业调查工具(每工组)

工具名称	数量	标准
平板/手机等数据采集设备	2个	
照相机	1个	
标签	若干	
样本袋	若干	棉质帆布袋、牛皮纸袋或PE材质
GNSS定位设备	1套	
罗盘仪	1个	
样方框	2个	$1m^2$
刺针	2个	$\phi1mm*1m$
便携式电子秤	1个	最大承重1kg,精度0.1g
枝剪	1把	8英寸(200mm)
割草刀	2把	
剪刀	2把	18mm常规
标桩	若干	pvc管,直径3~5cm,长30cm
卷尺	2个	5m
皮尺	2个	10m
测绳	3条	50m
便携式坡度仪	2个	

第三节　草原调查监测操作技术

一、样地的建立

样地应当能提供关于该群落（草原类）的充分而完整的概念。样地是代表一个群落整体的地段，样地应选在群落的典型地段，尽量排除人的主观因素，使其能充分反映群落的真实情况，代表群落的完整特征，样地应注意不要选在被人、畜和啮齿动物过度干扰和破坏的地段，也不要选在两个群落的过渡地段。平地上的样地应位于最平坦的地段，山地上的群落应位于高度、坡度和坡向适中的地段；具有灌丛的样地，除了其他条件外，灌丛的郁闭度应是中等的地段。样地四周应当用围栏加以保护，以免人畜破坏。为了精确的研究，尤其是产量动态的研究，样地需用网眼为 5cm×5cm 以下的围栏保护，防止野兔等采食。

二、样地定位

根据设定的样地位置，采用GNSS导航、引线定位等方法进行样地定位。当采用差分定位技术确保定位精度达到1m以内时，可以直接进行样地定位。否则，应当采用引线定位方法，当到达样地中心点理论位置30~50m范围内时，在现地寻找明显地物作为引点，用定位仪采集引点坐标，再从引点位置按方位角和水平距通过实测方法确定样地中心点。

三、标志设置

以样地中心点为起点，使用罗盘仪测角、测绳量距，分别以0°、120°、240°方位角的三个方向测设3条40m（若样地不能满足布设40m样线，可采用20m样线）长的样线；当0°样线难以布设时（例如遇陡坡、沟壑、障碍物时），可以调整角度，但应保持样线夹角120°。样地中心点和3条样线端点位置均应埋设固标桩，标桩可采用直径3~5cm、长30cm的pvc管（也可用水泥桩）。样地中心点标桩地上保留约10cm，埋入地下约20cm，周围堆放大的石块或拴系不易破坏、明显识别的其他标志物，便于后期查找；3条样线端点标桩全部埋入地下，免遭人畜破坏。

四、样地设置

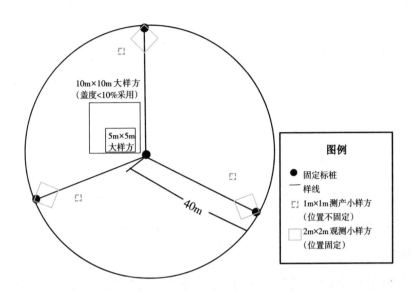

图5-1　草原样地布设示意图

以样地中心点为圆心、40m为半径设置面积为 0.5 hm² 的圆形样地。在 3 条样线端点处分别设置 3 个 2m×2m 观测小样方，样方对角线与样线重合。在观测小样方周围 5m 范围内，典型选取 3 个最能代表观测小样方状况的 1m×1m 测产小样方，但不得与样线和观测小样方重叠。以样地中心点正西方向 1m 作为东南角点，设置 1 个 10m×10m（当灌木冠幅较小且分布均匀时，可缩小至 5m×5m）的大样方，布设示意图如图5-1所示。

落入细碎图斑中的样地，圆形样地半径可缩小至 20m，样线长度相应调整为 20m，观测小样方、测产小样方和灌木大样方的布设方法同上。

五、样地调查

样地用于调查记录样地的相关属性，包括地形因子、土壤因子、地表特征，以及草原类、草原型、植被结构等因子。样地因子中的单位面积产草量、优势度、裸斑面积比例等指标通过样线、样方的调查结果测算。

根据样地调查表格式和要求进行样地基本信息的调查填写，并对样地进行拍照。

（一）调查因子

1.样地号：对样地进行统一编码，编码格式为县代码+3位样地编号，如秦安县001号样地编码即为"620522001"，样地编号不允许出现重号。

2.样地规格：填写样地规格，填写40m或20m半径样圆。

3.样地区位：填写样地所在的省（自治区、直辖市）、市（州、地区、盟）、县（市、区、旗）、乡（镇、苏木）、村（嘎查）名称。

4.照片编号：填写统一编号，在样地号后续接序号"_1"，如620522001_1。

5.样地中心点经纬度坐标：填写样地中心点的经纬度坐标，统一为十进制度格式，保留6位小数。

6.样地中心点CGCS2000坐标：填写样线起点投影坐标，按照3°或6°分带加带号，填写整数。

7.海拔：用海拔仪或查地形图确定样地位置海拔值，单位m，保留整数。

8.草原起源：根据人为干预程度填写，按天然、人工，分别用代码1、2填写。

（1）天然草原是指草原植被主要以天然下种方式形成的草原，天然草原包括天然下种的草地、草山、草坡。

（2）人工草地是指草原植被主要以人工播种、重新建植等方式形成的草原，人工草地包括改良草地、人工饲草地、草种基地和退耕还草地。

9.地类：填写调查认定的草地地类，按天然牧草地、人工牧草地、其他草地，分别用代码1、2、3填写。

10.草原类：以气候特征（热量）和植被基本特征为依据，充分考虑地形、土壤和经济因素，将全国草原划分为草原、草甸、荒漠、灌草丛、稀树草原、人工草地等6个类组，共计20个类（见表5-2）。

11.草原型：根据草原类型分类系统，确定样地草原型。要求以植物群落主要层片的优势类群（属）为主要依据，结合生境条件和经济价值，以实际调查草种类，参考草原型分类系统的824个草地型进行记载（见书后附表1~附表19）。

12.优势草种：根据样方测定结果测算草种优势度，填写优势草种，一般优势草种填写1~2种。

13.植被结构：根据植被结构层组成确定样地植被结构类型，植被结构类型划分为草本型、灌草型、乔草型和乔灌草型共4种，分别用代码1、2、3、4填写。

14.利用方式：调查填写草原利用方式，分10类用代码填写（见表5-3），可以选择一项或多项利用方式。

15.利用强度：调查填写草原利用强度，包括未利用、轻度利用、中度利用、强度利用、极度利用，分别用代码0、1、2、3、4填写。

表5-2 草原类组、草原类划分表

类组名称	类组代码	类名称	类代码
草原	I	温性草甸草原	1
		温性草原	2
		温性荒漠草原	3
		高寒草甸草原	4
		高寒草原	5
		高寒荒漠草原	6
草甸	II	高寒草甸	7
		低地草甸	8
		山地草甸	9
		沼泽草甸	10

（续表）

类组名称	类组代码	类名称	类代码
荒漠	III	温性荒漠	11
		温性草原化荒漠	12
		高寒荒漠	13
灌草丛	IV	暖性草丛	14
		暖性灌草丛	15
		热性草丛	16
		热性灌草丛	17
稀树草原	V	温性稀树草原	18
		干热稀树草原	19
人工草地	VI	人工草地	20

表5-3　草原利用方式划分

草原利用方式	代码	草原利用方式	代码
全年放牧	1	景观绿化	6
冷季放牧	2	科研实验	7
暖季放牧	3	水源涵养	8
打（割）草场	4	固土固沙	9
自然保护	5	其他	10

16.草原功能类别：根据草原的"三生"（生态、生产、生活）功能和用途，将中国草原划分为生态公益类草原、生产经营类草原、生活服务类草原和综合功能用途类草原等4个功能类别（见表5-4）。

17.估测牛羊已啃食量与剩余量比值：参照周边未被啃食的草种自然高度估测已啃食的程度，填写数值（2023年全国草原调查监测操作技术中取消了此项内容）。

18.地表特征：调查填写砾石覆盖面积比例、覆沙厚度、盐碱斑块面积比例、地表侵蚀类型、地表侵蚀程度等。其中：

（1）地表侵蚀类型分为水力侵蚀、重力侵蚀、冰融侵蚀、风力侵蚀、无侵蚀，分别用代码1、2、3、4，5填写。

（2）地表侵蚀程度分为轻度、中度、重度，分别用代码1、2、3填写。

表5-4　草原功能类别划分

草原功能类别	说明	代码
生态公益类草原	具有水土保持、防风固沙、水源涵养、固碳释氧、生物多样性维持、种质资源保存等主导功能的草原	1
生产经营类草原	具有放牧利用、割（打）草利用、放牧和割（打）草兼用等主导功能的草原	2
生活服务类草原	应用于文化遗迹地、科研示范、文化传播、生态旅游等主导功能的草原	3
综合功能用途类草原	指兼有多种功能用途的草原	4

19.地貌：按大地形确定样地所在地貌类型（见表5-5），用代码填写。

表5-5　地貌类型划分标准

地貌类型	划分标准	代码
极高山	海拔≥5000m的山地	1
高山	海拔为3500~5000m的山地	2
中山	海拔为1000~3500m的山地	3
低山	海拔<1000m的山地	4
丘陵	没有明显的脉络，坡度较缓和，且相对高差<100m	5
平原	平坦开阔，起伏很小	6

20.坡度：调查样地的平均坡度，保留整数。

21.坡向：确定样地所在位置的坡向类型（见表5-6），用代码填写。

22.坡位：填写样地所处坡地的位置（见表5-7），用代码填写。

23.土壤质地：确定样地土壤质地（见表5-8），用代码填写。

24.土层厚度：根据土壤剖面调查样地的土层厚度，记载到1cm。土层厚度为土壤的A+AB+B层厚度，当有BC过渡层时，应为A+AB+B+BC/2的厚度，调查样地的土层厚度，单位为厘米，保留整数（厚度等级见表

5-9）。

表5-6 坡向类型划分标准及代码

坡向类型	划分标准	代码	坡向类型	划分标准	代码
北	方位角 22.5°~337.5°	1	西南	方位角 202.5°~247.5°	6
东北	方位角 22.5°~ 67.5°	2	西	方位角 247.5°~292.5	7
东	方位角 67.5°~112.5	3	西北	方位角 292.5°~337.5°	8
东南	方位角 112.5~157.5°	4	无坡向	坡度<5°的地段	9
南	方位角 157.5°~202.5°	5			

表5-7 坡位类型划分标准及代码

坡位类型	划分标准	代码
脊	山脉的分水线及其两侧各下降垂直高度15m的范围	1
上	从脊部以下至山谷范围内的山坡三等分后的最上等分部位	2
中	三等分的中坡位	3
下	三等分的下坡位	4
谷	汇水线两侧的谷地,若样地处于其他部位中出现的局部山洼,也应按山谷记载	5
平地	处在平原和台地上的样地	6

表5-8 土壤质地划分标准

土壤质地	划分标准	代码
黏土	黏粒(直径<0.002mm的土壤颗粒)含量60%以上,沙粒(0.002~2.00mm)含量40%以下。干时常为坚硬的土块;湿润时极可塑,通常有黏着性,用手可撮捻成较长的可塑土条	1
壤土	黏粒含量30%~60%,沙粒含量70%~40%。干时成块,湿润时成团,有一定的可塑性,甚至可以撮捻成条,但往往受不住自身重量	2
砂壤土	黏粒含量20%~30%,沙粒含量80%~70%。干时手握成团,用手小心拿不会散开;润时手握成团后,一般性触动不至散开	3
壤砂土	黏粒含量10%~20%,沙粒含量90%~80%。干时手握成团,但极易散落;润时握成团后,用手小心拿不会散开	4
砂土	黏粒含量10%以下,沙粒含量90%以上。能见到或感觉到单个砂粒,干时抓在手中,稍松开后即散落;湿时可捏成团,但一碰即散	5

表5-9　土层厚度划分标准

等级	土层厚度(cm)	代码
厚土	≥60	1
中土	30~59	2
薄土	<30	3

（二）计算因子

1.植被盖度：开展样线调查的，植被盖度取3条样线测定的盖度平均值，按百分比记录整数。

2.裸斑面积比例：开展样线调查的，裸斑面积比例取3条样线测定的裸斑比例平均值，按百分比记录整数。

3.单位面积鲜草产量：3个测产小样方的单位面积鲜草产量平均数与灌木大样方单位面积鲜草产量之和，单位 kg/hm²。

4.单位面积干草产量：3个测产小样方的单位面积干草产量平均数与灌木大样方单位面积干草产量之和，单位 kg/hm²。

5.可食牧草比例：单位面积可食牧草鲜草产量与单位面积鲜草产量之百分比，填写整数，其中单位面积可食牧草鲜草产量计算方法为3个测产小样方的单位面积可食牧草鲜草产量平均数与灌木大样方的单位面积可食牧草鲜草产量之和。

6.毒害草比例：单位面积毒害草鲜草产量与单位面积鲜草产量之百分比，填写整数，其中单位面积毒害草鲜草产量计算方法为3个测产小样方的单位面积毒害草产量平均数与灌木大样方的单位面积毒害草产量之和。

7.可食牧草优势度：根据样方测定结果计算，对3个样方计算的优势度进行平均，每个样方优势度计算方法如下：

可食牧草优势度=（可食牧草鲜草产量/鲜草总产量+可食牧草植被盖度/总盖度）÷2。

8.毒害草优势度：根据样方测定结果计算，对3个样方计算的优势度进行平均，每个样方优势度计算方法如下：

毒害草优势度=（毒害草产量÷鲜草总产量+毒害草植被盖度÷总盖度）÷2。

9.备注：记录需要特别说明的其他信息。

（三）照片拍摄

样地照片拍摄包括样地中心桩照、远景照、近景照、土壤表层照等。样地中心桩照，在标桩、标志物等设置后好后进行拍摄，远景照片应反映样地及周边地区的整体状况，一般按照1/3天空、2/3地面的原则横向拍摄，近景照片应反映样地的主要植被特征和生长状况。

六、样线调查

样线调查的主要因子是植被盖度和裸斑面积比例。采用针刺法沿样线按1m间隔垂直向下进行刺探，调查记录植物覆盖或裸地被刺中的次数，并计算植被盖度和裸斑面积比例。具体填写要求如下：

1.样地编号：填写样线所在样地的编号，编码格式为县代码+3位样地编号，如秦安县001号样地编码即为"620522001"，样地编号不允许出现重号。

2.样线编号：样地号+两位样线编号，如"62052200101"，不允许出现重号或空号。

3.样线方位角：每个样地对应1、2、3号样线，分别填写0°、120°、240°方位角，当0°样线调整时，应填写实际测量方位角。

4.样线终点经纬度坐标：填写样线终点经纬度，以十进制度填写，精确到6位小数。

5.样线终点CGCS2000坐标：填写样线终点投影坐标，按照3°或6°分带加带号，填写整数。

6.样线长度：根据实际情况，按40m或20m填写。

7.是否改平：根据实际情况，按改平或不改平填写。

8.植被覆盖记录：沿样线方向每隔1m位置用探针垂直向下刺，探针落在植物覆盖范围时记录1，否则记为0。

9.连续裸斑记录：沿样线方向每隔1m位置用探针垂直向下刺，如连续刺中裸露地面2次及以上，且探点之间裸露地表连续时，记录1，否则为0（见图5-2）。

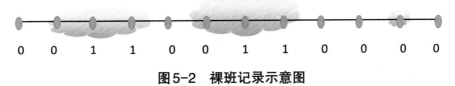

0　　0　　1　　1　　0　　0　　1　　1　　0　　0　　0　　0

图5-2　裸斑记录示意图

（注：涂有黄色部分为裸斑，蓝色的点表示探针刺中探点）

10.植被盖度：刺中植物覆盖范围的次数之和与探针下刺总次数的百分比。

11.裸斑面积比例：每块裸斑记录为1的次数之和加1即为单个裸斑面积比例，再将所有裸斑面积比例相加，得到该样线裸斑面积比例。

七、样方调查

（一）小样方调查

样地内只有中小草本（平均高<80cm）及小半灌木（平均高<50cm、不形成大株丛），没有灌木和高大草本植物时，进行小样方调查。小样方包括观测小样方和测产小样方，样地中3个观测小样方和3个测产小样方相互对应，形成3组样方。在调查填表时每组样方共用1张表，表中针对有区别的调查项通过"观测小样方"和"测产小样方"字样进行区分。

观测小样方用于观测记录分优势可食、优势毒害、其他可食、其他毒害等类型的草种、盖度、高度等指标。测产小样方除调查优势可食、优势毒害、其他可食、其他毒害等类型的草种、盖度、高度等指标外，还增加枯落物、产草量指标。

1.观测小样方

对于样地内的草本、半灌木及矮小灌木植物，按照以下要求填写。

（1）样地号：为县代码+3位编号，如"620522001"，不允许出现重号。

（2）样方号：为所在样地编码+2位编号，如"62052200101"，不允许出现重号。

（3）照片编号：在样方编号后续接序号"_1"，如62052200101_1。

（4）样方面积：填写样方的实际面积，即2m×2m。

（5）植物种数：调查样方内植物的全部种数。

（6）植物名称：分别可食牧草、毒害草、其他植物3类，各调查记录所有种植物名称。

（7）枯落物总量：称量枯落物重量，以g/㎡为单位，保留整数。

（8）植被总盖度：为全部植物的投影面积占样方面积的比例，总盖度不是各种植被盖度的累加，需考虑植物相互之间的重叠，不能超过100%。采用目测法或网格针刺法进行调查，单位%，填写整数，精确到1%。

（9）分盖度：调查优势可食、优势毒害、其他可食、其他毒害的分盖度，分盖度之和可以>100%，单位%，填写整数。

（10）草群平均高度：调查草群叶层自然平均高度，单位cm，填写整数。

（11）分高度：调查优势可食、优势毒害、其他可食、其他毒害的叶层高度，单位cm，填写整数。

2.测产小样方

在观测小样方附近，典型选取3个最能代表观测小样方状况的1m×1m测产小样方。测产小样方不得与样线和观测样方重叠。除了调查记载样地号、样方号、样方面积（1m²），总盖度与优势可食、优势毒害、其他可食、其他毒害植物分盖度，草群平均高度与优势可食、优势毒害、其他可食、其他毒害植物高度等指标外，还需要调查产草量，通常以植被生长盛期（花期或抽穗期）的产量为准，单位为克（g），保留1位小数。

（1）鲜重：具体调查方法如下。

①剪割：对样方内草本植物齐地面剪割，矮小灌木及半灌木只剪割

当年生枝条.

②称重：分优势可食、优势毒害、其他可食、其他毒害4种类型分别进行称重。

（2）干重：指植物经过自然晾晒风干后或烘干后，其重量基本稳定时的重量。可将鲜草样品按可食用和不可食分别装袋，并标明样品的所属样方号、种类组成、样品鲜重。带回驻地待自然风干后再测其风干重。根据风干重和样品鲜重得到干鲜比，再推算样方产草量的总干重。

（3）产草量折算：对样方调查结果进行单位面积产草量折算，将 g/m² 单位折算为 kg/hm²，保留1位小数。

（二）大样方调查

样地内具有高大草本（平均高≥80cm）或灌木（平均高≥50cm）时进行高大草本、灌木和半灌木调查，在大样方内只测定灌木及高大草本，按照以下要求填写。

1. 样地号、样方号、照片编号与小样方调查填写方法一致。

2. 样方面积：填写样方的实际面积，一般情况下为100m²（10m×10m）；当灌木冠幅较小且分布均匀时，可缩小至5m×5m。

3. 灌木和高大草本测定：采用测量样方内各种灌丛植物标准株（丛）产量和面积的方法进行。灌丛调查记载内容如下：

（1）记录灌丛植物名称：记载灌木和高大草本植物的名称。

（2）株丛数量测量：记载样方内灌木和高大草本株丛的数量。

方法1：先将样方内灌木或高大草本按照冠幅直径的大小划分为大、中、小3类（当样方内灌丛大小较为均一，冠幅直径相差不足10%~20%时，可以不分类，也可以只分为大、小2类），并分别记数。

方法2：按灌木或高大草本种类选择1个标准株丛，记录其长、宽、高度和鲜草产量。以此株为标准株，对样方内同一种的其他株丛进行折算，相同株丛为1株，小的折为0.5株，大的折为2~3株等进行折算。

（3）丛径测量：分别选取有代表性的大、中、小标准株各1丛，测量其丛径（冠幅直径），单位cm，保留整数。

（4）高度测量：分别选取有代表性的大、中、小标准株各1丛，测量其自然高度，单位cm，保留整数。

（5）灌木及高大草本覆盖面积：某种灌木覆盖面积=该灌木大株丛面积（1株）×大株丛数+中株丛面积（1株）×中株丛数+小株丛面积（1株）×小株丛数。

灌木覆盖总面积等于各类灌木覆盖面积之和。

（6）灌木及高大草本产草量调查：

①鲜重调查：在样方外分别选取各种灌木及高大草本的大、中、小标准株丛，再剪取当年生枝条并称重（实际操作时，可视株型的大小只剪1株的1/3或1/2称重，然后折算为1株的鲜重），得到该种灌木或高大草本大、中、小株丛的标准鲜重，然后将大、中、小株丛标准重量分别乘以样方内各自的株丛数，再相加即为该灌木及高大草本的产草量（鲜重）。将样方内的所有灌木和高大草本的产草量鲜重汇总得到总灌木或高大草本产草量。

②干重调查：分别选取灌木和高大草本种类的鲜重样品分别装袋，并标明样品所属样方号、种类、鲜重。带回驻地待自然风干后再测其风干重。根据风干重和样品鲜重得到干鲜比，再推算样方产草量的总干重。

（三）样方照片

小样方在剪割前后分别拍摄俯视全貌照，大样方拍摄景观照。

八、人工草地调查

人工草地调查内容包括样地位置、地理坐标、草种名称、生活型、草种来源、植被盖度、灌溉条件、种植年份和草产量等。

调查方法同天然草地。

各调查表见附表21~25。

第六章 草原健康与退化评价

第一节 草原健康评价概述

一、草原健康的概念

草原健康是指草原生态系统中的生物和非生物结构的完整性、生态过程的平衡及其可持续的程度。也可以说是维持草原土壤和生态过程完整性的程度。草原健康主要反映了草原的健康状况以及生产能力。评价草原健康程度对衡量草原生态系统稳定发展具有重要意义。

二、草原健康评价发展历程

草原健康评价方法理论的构建以1935年英国生态学家Arthur Tansley提出"生态系统（ecosystem）"和1949年美国环境伦理学家Leopold提出的"土地健康（land health）"两个概念为标志，经历了3个明显的阶段。

第一个阶段以环境"健康"思想为指引，催生了"生态系统健康"思想，为草原健康评价方法理论的萌芽阶段。

第二个阶段从1992年开始，以"生态系统健康"术语的出现为标志，诞生了生态系统健康学并初步形成。此阶段各国科学家不断探索，初步构建了该学科的理论和方法论。其中，目前常用的由Costanza提出的VOR评价指标在此期间产生。该指标用活力（vigor，V）、组织力（organization，O）和恢复力（resilience，R）组装生态系统健康指数（healthy index，HI），即VOR，HI=VOR；VOR评价指标于1998年8月在国际生态系统健康大会上被采纳。

第三个阶段为生态系统健康学的实践阶段也就是成熟阶段。此阶段，任继周等人于2000年把草原基况（condition，C）纳入VOR，提出健康评价的CVOR概念，以CVOR为标志生态系统健康评价不断发展，参与构建健康评价的指标更加多样，评价方式逐渐摒弃多指标罗列而是通过一系列数学过程，获取综合指标，进行综合评价。

三、草原健康评价方法

草原健康评价方法有很多，目前使用的评价方法有VOR指数评价模型、CVOR指数评价模型、主成分分析法、层次分析法、聚类分析法、灰色关联法、压力-状态-响应评价模型、模糊综合评价法、草地健康综合评价模型以及利用遥感技术的评价模型等10种（马春燕，2023）。

第二节　草原健康状况评价

一、评价指标

草原健康状况评价可采用国家标准《草原健康状况评价》（GB/T21439-2008）。此标准由中国农业科学院北京畜牧兽医研究所负责组织起草，由中华人民共和国国家市场监督管理总局和中国国家标准管理委员会于2008年颁布实施。（注：该标准于2023年12月28日下达，正在重新起草修订中，项目周期为16个月。届时可参阅新版。）

该评价体系通过对草原生态系统中的土壤（地境）稳定性（包括裸地分布、受风蚀移走表层土壤厚度或裸根深度、0cm~20cm土壤有机质含量和土壤紧实度）、水文功能（包括水流痕迹、细沟数量、切沟数量和凋落物移动程度）和生物完整性（包括建群种相对重要值、凋落物量、地上现存量和侵入种所占地位）3大属性中的12项具体指标进行分级定量赋值，计算出草原健康综合指数。当草原健康综合指数的计算分值分别为>

4.5、4.5~3.5、3.5~2.5、2.5~1.5、≤1.5，则草原健康状况依次分别为极好、好、中等、差、极差5个级别。

（一）评价指标说明

草原健康状况评价指标是根据草原生态系统的3个属性即土壤（地境）的稳定性、水文功能及生物完整性确定的，每个属性包括4项指标，合计12项指标，如表6-1所示。

（二）评价指标的计测和分级

根据12项评价指标及其测定结果，对草原健康状况进行分级，各项评价指标分为5个级别，分别用1、2、3、4、5予以评分，评分越高，则说明在该项指标上草原健康状况越好。当某项指标的测定结果恰为分级标准中的界限值时，根据风险最小原则，应将该项指标上草原健康状况的得分定为较低的级别。最后，根据各项评价指标的权重系数及其得分，利用加权平均法，对草原健康状况进行综合评价。

表6-1 草原健康状况评价指标及其属性

序号	指标	说明	属性
1	裸地	没有植被、凋落物或生草层覆盖的裸露土壤分布	土壤稳定性
2	风蚀	被风力转移(移走或沉积)的表层土壤厚度或裸根深度	土壤稳定性
3	土壤有机质	土壤表层(0~20cm)的有机质含量	土壤稳定性
4	土壤紧实度	土壤表层(0~20cm)的板结情况,用土壤容重来度量	土壤稳定性
5	水流痕迹	地面漫流形成痕迹的数量分布,可由凋落物分布及土壤和沙砾的运动痕迹来确定	水文功能
6	细沟	线状侵蚀在地表形成的较直的、细小的侵蚀沟的数量分布	水文功能
7	切沟	切入生草层(或土壤表土层)以下的侵蚀沟的数量分布	水文功能
8	凋落物移动	凋落物被地表径流冲刷移动的程度	水文功能
9	建群种	生态参照区内原生植物群落的建群种在评价区内的地位,用相对重要值表示	生物完整性
10	凋落物量	单位土地面积上植物凋落物的重量	生物完整性
11	地上现存量	评价区内植物群落的地上现存量占生态参照区的百分比	生物完整性
12	侵入种	评价区植物群落中侵入种所占的地位,用重要值表示	生物完整性

1. 裸地

通过样线法或样方法，测定没有植被、生草层或凋落物覆盖的裸露地表面积所占的比例，裸地评分如表6-2所示。

表6-2 裸地所占比例表(%)

裸地所占比例(%)	评分
<15	5
15~35	4
35~55	3
55~75	2
≥75	1

2. 风蚀

按照SL277-2002所示方法，测定被风力吹蚀的表层土壤的厚度或是调查被吹蚀后裸根的深度，风蚀评分如表6-3所示。

表6-3 风蚀厚度表(mm/a)

风蚀厚度(mm/a)	评分
<1	5
1~3	4
3~5	3
5~10	2
≥10	1

3. 土壤有机质

按NY/T1121.6-2006测定表层土壤（0~20cm）的有机质含量，有机质评分如表6-4所示。

4. 土壤紧实度（土壤板结）

分别测定生态参照区和评价区表层土壤（0~20cm）的容重，以生态参照区的土壤容重为本底，根据评价区与生态参照区表层土壤容重的比值，即土壤的相对容重，对评价区土壤紧实度状况进行分级，该比值越大，则说明土壤板结越严重，草原健康状况就越差，土壤容重评分如表6-5所示。

表6-4　表土有机质含量(g/kg)

表土有机质含量(g/kg)	评分
>20	5
15~20	4
10~15	3
5~10	2
≤5	1

表6-5　土壤相对容重

土壤相对容重	评分
<1.0	5
1.0~1.2	4
1.2~1.4	3
1.4~1.6	2
≥1.6	1

5. 水流痕迹

根据凋落物的分布、土壤和沙砾的运动痕迹，目测有明显水流痕迹的土地面积所占比例，水流痕迹评分如表6-6所示。

表6-6　水流痕迹所占比例(%)

水流痕迹所占比例(%)	评分
<5	5
5~15	4
15~20	3
20~25	2
≥25	1

6. 细沟

估计评价区细沟分布面积占土地面积的比例，细沟评分如表6-7所示。

表6-7　细沟所占比例（%）

细沟所占比例（%）	评分
<1	5
1~5	4
5~10	3
10~15	2
≥15	1

7. 切沟

估计评价区切沟分布面积占土地面积的比例，切沟评分如表6-8所示。

表6-8　切沟所占比例（%）

切沟所占比例（%）	评分
<1	5
1~3	4
3~5	3
5~7	2
≥7	1

8. 凋落物移动

估计评价区植物凋落物被地表水流冲刷移动痕迹占土地面积的比例，凋落物移动评分如表6-9所示。

表6-9　凋落物移动痕迹所占比例（%）

凋落物移动痕迹所占比例（%）	评分
<10	5
10~30	4
30~50	3
50~70	2
≥70	1

9. 建群种

根据生态参照区内植物群落特征，确定其建群种，并分别测定该植物种在生态参照区和评价区内植物群落中的重要值，然后计算其相对重要值。某生态参照区内植物群落的建群种在评价区植物群落中所占的相对重要值可表示为（评价区重要值/生态参照区重要值）×100%。如果生态参照区植物群落的建群种由两个或多个的物种组成，则只测定其中最主要的物种，建群种评分如表6-10所示。

表6-10 建群种相对重要值(%)

建群种相对重要值(%)	评分
>80	5
60~80	4
40~60	3
20~40	2
≥20	1

10. 凋落物量

在牧草生长高峰期，分别测定生态参照区和评价区当年未利用草原的地上凋落物量（g/m²），然后计算评价区的相对凋落物量。相对凋落物量=（评价区凋落物量/参照区凋落物量）×100%。生态参照区内植物地上凋落物可以实测，或是查阅历史文献获得。评价区相对凋落物量越低，说明评价区覆盖地表的植物凋落物减少，对水蚀和风蚀的抵抗能力降低，而且凋落物量减少也会影响到草原生态系统内的养分循环，凋落物评分如表6-11所示。

表6-11 相对凋落物量(%)

相对凋落物量(%)	评分
>90	5
70~90	4
50~70	3
30~50	2
≥30	1

11. 地上现存量

按照NY/T 1233—2006所示方法，分别测定生态参照区和评价区当年未利用草原的地上部分活体的重量（g/m^2），然后计算评价区的相对地上现存量。相对地上现存量=（评价区地上现存量/参照区地上现存量）×100%，地上现存量评分如表6-12所示。

表6-12　相对地上现存量(%)

相对地上现存量(%)	评分
>90	5
70~90	4
50~70	3
30~50	2
≥30	1

12. 侵入种

根据入侵植物种相对密度、相对频度、相对盖度、相对高度和相对重量等指标，取样测定相对重要值，以衡量其在植物群落中的优势地位。侵入种相对重要值评分如表6-13所示。

表6-13　侵入种的相对重要值(%)

侵入种的重要值(%)	评分
<5	5
5~15	4
15~30	3
30~50	2
≥50	1

二、评价步骤

根据影响草原健康状况的3个属性、12项评价指标及其测定方法，采取以下6个步骤，依次完成草原健康状况评价。

（一）确定评价区域

确定草原健康状况评价区域。一个草原健康状况评价区应该具有相似的地形和景观类型特征。草原健康评价的基本单元——地境，主要是依据土壤和地形来确定，另外也可按照草原分类系统中的亚类来划分，对草原健康评价区域的基本情况进行描述。

（二）确定生态参照区

确定生态参照区，并建立与各种地境（或草原亚类）对应的生态参照区内各项评价指标的本底数据库。在评价区域内或是相似地境（或相同草原亚类）的其他区域选择一块理想或接近于理想健康状态的草原，作为健康评价的生态参照区。生态参照区最好是该种地境类型的顶极植被群落区，或是接近于顶极植被群落、没有退化迹象的草原，最好是具有典型性和代表性的。生态参照区的12项健康评价指标的测定可以通过野外实地观测，也可以通过专家评分或是查阅历史文献资料来确定。

（三）指标测定

在与生态参照区相比较的基础上，根据各项指标的测定方法，对草原健康评价区的各项评价指标进行观测，并做好记录。同时，通过实地调查，尽可能详细地记录评价区的地形、地貌、气候、土壤、植被以及草原的分布面积、图斑范围、载畜量、管理和利用等基本情况，作为草原健康状况评价的辅助性依据。

（四）指标赋值

在指标测定的基础上，按照前面（评价指标的计测和分级）所给出的12项评价指标评分标准，对各项评价指标的测定结果进行分级，并给出相应的分值（见表6-14）。

表6-14 草原健康状况评价结果汇总表

属性	评价指标	指标权重系数	各项评价指标的测定值及得分		健康指数	
			测定值	得分	属性健康	综合健康
土壤	1. 裸地	0.097				
	2. 风蚀	0.077				
	3. 土壤有机质	0.068				

（续表）

属性	评价指标	指标权重系数	各项评价指标的测定值及得分		健康指数	
			测定值	得分	属性健康	综合健康
	4.土壤板结	0.058				
水文	5.水流痕迹	0.041				
	6.细沟	0.055				
	7.切沟	0.069				
	8.凋落物移动	0.035				
生物	9.建群种	0.103				
	10.凋落物量	0.132				
	11.地上现存量	0.147				
	12.侵入种	0.118				

（五）草原健康综合指数计算

计算草原评价区的土壤（地境）稳定性、水文功能、生物完整性3个属性的健康指数，并计算草原健康综合指数，计算方法如下：

1. 属性健康指数

各属性的健康指数可以通过下式求得：

$$Hi = \sum_{j=1}^{4} (Sij \times kij) \Big/ ki$$

式中：H_i——评价体系中第 i 个属性的健康指数，S_{ij}—第 i 个属性的第 j 个评价指标的得分，k_{ij}—第 i 个属性的第 j 个评价指标的权重系数（见表6-15）；k_i—第 i 个属性的权重系数。

2. 草原健康综合指数

$$H = \sum_{i=1}^{3} (Hi \times ki) = \sum_{i=1}^{3} \sum_{j=1}^{4} (Sij \times kij)$$

式中：H—草原健康综合指数；S_{ij}—第 i 个属性的第 j 个评价指标的得分；k_{ij}—第 i 个属性的第 j 个评价指标的权重系数（见表6-15）。根据草原健康指数H，将草原健康状况分为5个等级，如表6-16：

表6-15　推荐性草原健康状况评价指标及其权重系数

属性	评价指标及其权重系数		各属性权重系数
	评价指标	权重系数	
水文	1.水流痕迹	0.041	0.200
	2.细沟	0.055	
	3.切沟	0.069	
	4.凋落物移动	0.035	
土壤	5.裸地	0.097	0.300
	6.风蚀	0.077	
	7.土壤有机质	0.068	
	8.土壤板结	0.058	
生物	9.建群种	0.103	0.500
	10.凋落物量	0.132	
	11.地上现存量	0.147	
	12.侵入种	0.118	

表6-16　草原健康状况评价表

草原健康综合指数	草原健康状况
>4.5	极好
4.5~3.5	好
3.5~2.5	中等
2.5~1.5	差
≤1.5	极差

（六）草原健康状况评价

根据属性健康指数、草原健康综合指数以及评价人员对草原健康评价区与生态参照区的综合比较，对草原健康状况作出全面评价和描述，并且针对草原健康状况出现的问题，提出相应对策，最后写出草原健康状况评价报告。

第三节　草原退化

在全球气候变化和不合理的人类活动影响下，草原正面临着严重的退化风险，草原退化已成为世界生态环境问题之一，也成为草原生态系统功能发挥的限制性因素。

关于草原退化，已有大量的研究和论述，本节将对草原退化概念、成因和机理作简要介绍。

一、草原退化的概念

（一）概念

草原退化，就是指天然草原在干旱、风沙、水蚀、盐碱、内涝、地下水位变化等不利自然因素的影响下，或过度放牧、不合理开垦、割草等不合理利用，或滥挖、滥割、樵采破坏草地植被，引起草原生态环境恶化，草原牧草生物产量降低，品质下降，草原利用性能降低，甚至失去利用价值的过程。

草原退化是草原生态系统在演化过程中，其结构特征和能流与物质循环等功能过程的恶化，即生物群落（植物、动物、微生物群落）及其赖以生存环境的恶化。草原退化是草原生态系统的逆向演替，是从一个稳定的状态逆向演替到脆弱的不稳定状态的过程。

草原退化既包括"草"的退化，也包括"地"的退化。草原退化引起草地生态功能、畜牧业利用价值出现短期内不可恢复的降低。它不仅反映在构成草地生态系统的非生物因素上，也反映在生产者、消费者、分解者三个生物组成上。具体来说，在退化过程中草地的组成、结构、过程和功能等方面发生量和质的巨大变化。

（二）现状

资料显示，目前全球约有49%的草地发生退化，中国退化草原面积超过70%。以甘肃省为例，李霞等（2022年）利用甘肃省第一、二次草原普查数据对甘肃省近40年草地退化概况分析显示，甘肃省退化草原面积 $1.79 \times 10^7 \text{hm}^2$，占全省草原总面积的69.65%，其中轻度退化面积占退化总面积的23.81%，中度退化占退化总面积的47.27%，重度退化占退化总面积的28.92%。退化最严重的草原类型为高寒荒漠类和高寒草原类，退化较轻的草原类型为山地草甸类和温性荒漠类。

二、草地健康与草地退化概念辨析

董世魁等（2023年）撰文认为多数学者常常将"草地健康"和"草地退化"作为一对反义词使用。其在梳理国内外相关研究的基础上，认为草地健康和草地退化并不是相对的概念，而是反映了不同的语境和涵义。

一般而言，健康是指事物在某一时段所处的状态，与之相对的反义词应为病态；而退化是指事物在某一时段变化的过程，与之相对的反义词为恢复。

（一）草地健康

"草地健康"一词最早溯源于1949年美国环境伦理学家Leopold在《沙乡年鉴》一书中提出的"土地健康"，即土地系统跟人体或有机体一样都存在健康问题。但是，这一概念并未在当时引起足够的重视。这一时期，草地学家根据Clements的生态演替理论，提出了草原基况评价的观点，根据某一地境当前的植被组成、生产力与该地境所确定的顶极植物群落的相似程度，将该草原基况评为极好、好、中等或差的等级。20世纪60年代，美国的草原学家们进一步发展这一评价体系，加入了生态基况和价值的内容。

1994年，美国国家研究委员会在《草原健康-草原分类调查监测的新方法》中提出了草原健康的定义，即草原生态系统的土壤、植被、水、空气以及生态过程的完整性得到平衡和持续的程度，具体而言就是Rappor等指出的生态系统基况偏离参照生态系统（顶极植物群落）的程度或状态，可以分为，健康，草原提供价值和产品的能力得到保持；危险，草原具有不断增加的但可逆转的退化潜力；不健康，草原退化已导致其提供价值和产品的能力发生不可逆转的损失。

2008年，任继周主编的《草业大辞典》将草地健康定义为草地健康又称草原健康，即草原生态系统的结构稳定和功能正常的状态。草地健康受生物因素（植物、动物、微生物）、非生物因素（大气、土壤、位点）和社会因素（生产、生活、科技）的综合制约，是衡量草地质量的首要指标，也是草地能否持续发展的唯一评判标准，一般可以分为健康阈、警戒阈、不健康阈和崩溃阈4个等级。

综合国内外相关定义，可以将草地健康的定义概括为，草地生态系统的结构和功能所处的健康状态，具体表现为土壤、植被、水和空气等生物和非生物要素的结构完整性、生态学过程的平衡状态及其可维持程度。草地健康通常用来表示草地的某种特定功能和作用，如维持养分循环。健康的草地能够保持生态平衡，维持物种多样性，同时给草地畜牧业生产提供持续的支撑能力。

（二）草地退化

草地退化一词则要溯源于1916年美国生态学家Clements提出了单元顶极演替理论，认为自然状态下植物群落演替的最终结果是与气候相适应的单一顶极状态，但是干扰活动都会导致植物群落逆行（退化）演替到早期的某个阶段。按照这个理论，世界上大多数的草地都受到不同程度的干扰（家畜放牧、野生动物采食、火烧等），所以理应处于"退化"状态。20世纪30年代，美国生态学家Tansley提出了多元顶极演替理论，认为某一植物群落在某种生境中基本稳定，能够自行繁殖并结束其演替过程，就可以看作顶极群落，除气候顶极终点，可能还有土壤顶极、地形顶极、火烧顶极、动物（放牧）顶极。1975年，美国生态学家Whittaker提出了生态演替的顶极格局理论，认为在一个区域内多元顶极群落呈连续变化的格局。

2008 年，任继周主编的《草业大辞典》将草地退化定义为草原退化，具体指因自然原因或人为原因导致草地生态系统结构和功能衰退的现象，出现草原生态系统逆行演替、生产力下降的过程，具体可体现在植被、土壤和家畜等方面，如植被盖度、高度降低、植物种数和优良牧草减少、毒杂草增加、生产力降低、土壤和基质破坏、沙化、盐碱化、石漠化、水土流失、畜产品的生产力和品质降低等。长时间、大范围的草地退化，不仅引起草地生产力的下降，还造成生态环境恶化，以及对人类生存与发展的威胁。

三、主要表现

草原退化主要表现植被衰退和生境条件恶化。

（一）植被衰退

植被衰退主要体现在草原植被中优势种、建群种逐渐衰退或消失并被杂草代替，草原植被的质量和产量下降，优良牧草种类减少，可食牧草产量降低，有害、有毒植物增多，单位面积产草量下降。

植被衰退的过程或阶段可通过指示植物和优势种来判定。指示植物是标志草原出现草地退化、沙化、盐渍化具有指示意义的植物，如碱蓬、狼毒、醉马草、小花棘豆、星毛萎陵菜等。

优势种是指草地群落中作用最大的植物种，既群落中其个体数量、覆盖度、生物量等均占优势，并对其他植物种的生存有很大影响和控制作用的植物种，一般用综合算术优势度来判定。

（二）生境条件恶化

生境条件恶化主要体现在生、土、水、气所构成的生态环境条件劣化。如土壤物质损失和理化性质变劣，土壤旱化、沙化及盐碱化；土壤受风蚀、水蚀侵害严重；地表出现秃斑或沙化现象，地面裸露；野生动物的数量逐渐减少，鼠、虫害频发；载畜量下降，家畜质量下降；风沙活动加强，降水减少，地表水和地下水减少等。

四、退化成因

草原退化的发生与发展受多种影响因素的驱动。草原退化是自然因素和人为影响等多种因素交互作用的结果，是草原系统内部的两大因子——自然环境和人类活动作用的相互不协调下导致的原状态偏离，是生态系统出现逆向演替的过程和结果。

草原出现退化的原因有诸多方面，包括气候变化、过度放牧、滥垦乱挖、矿产开采及工程建设等。

（一）气候干旱化

气候变化是造成草原退化的自然因素驱动因子，可以通过对土壤水分、土壤氮素、土壤有机质及土壤微生物的影响来干扰草原植被，而气候变化带来的温度升高、降水量减少及草原鼠虫害等则是最为主要的自然因素。

气候干旱化是由温度升高明显、降水量变化区域差异显著而造成的，是气候变化的主要表征之一。由于受气候干旱化以及草原生态系统自然演变的规律性影响，近年来草原区域频繁出现平均气温上升、降水量季度间的分布不均，特别是牧草生长季节无雨或少雨，而秋季雨水较充足等不稳定的现象，导致草原区域地面干燥度增强，植被返青时间晚，牧草密度、高度均不如正常年份，严重影响牧草产量，较大程度推动了草原退化。

（二）过度放牧

放牧是天然草原植被的类型和构建中极其重要的生态影响因子。放牧主要通过家畜的采食和践踏来影响植物的生长，进而影响整个生态系统的物质和能量的流动。但过牧行为会造成优良牧草种群数量减少，植被覆盖度逐年下降，草原生态系统的能量流和物质流的断流，进而造成系统能量和物质的枯竭，最终导致草原生态系统退化。现如今过度放牧已占退化成因的28.3%。

（三）滥采乱占

草原蕴含丰富的药用、食用等生物资源，由于经济利益的驱动，多年来人们滥挖滥采（主要是草原牧区周边的农民等，过度樵采占退化成因的31.8%。）的现象屡禁不止，草原生态环境遭到破坏，生物多样性降低，草原生态系统恶化，引起草原退化。

（四）开垦开矿等

历史上大量无序的垦殖草原使得大片草原变成了贫瘠的、极易沙化的农田（大部分已变成了荒漠），贫瘠、极易沙化的耕地无节制地增加，开出的耕地往往几年后就撂荒变成沙地或沙漠，于是再去开垦新的草原，这样周而复始，草原面积越来越小，沙地、沙漠的面积越来越大，草原退化沙化不断加剧，草原资源及生态环境急剧恶化，草原生态系统恶性循环、逆行演替。据研究，中国草原荒漠化的人为成因中，过度农垦占25.4%。

此外，不适当地开矿、建厂、修路以及城镇建设等也存在对草原周围植被产生不同程度的破坏，轻者使草原生态系统结构单一化、功能衰退、草原生产力下降，重者导致草原植被完全消失。

五、退化机理

（一）退化驱动力

草原退化是草原生态系统运动的一种形式，是系统偏离正常演替或某一平衡状态的逆向运动过程。

草原生态系统的运动受自然因素和人为活动的驱动。自然因素主要包括重力、地表的支持力、风力、水力、热力等外部"生态效应力"。草原生态系统具有抗干扰和自动调节的能力，当草原生态系统处于健康、稳定、平衡的状态时，在一定的限度范围内，外部"生态效应力"不足以破坏草原生态系统的平衡与稳定，但当草原生态系统处于不稳定或脆弱状态时，草原生态系统的承受力不足以抗拒各种"生态效应力"时，草原生态系统开始逆向演替，草原退化发生并逐渐加剧。

草原退化除自然作用力的驱动外，人为活动干扰力也往往起着重要的诱发和推动作用。人类活动的强烈干扰力往往会加速草原生态系统退化的进程，它可将潜在的草原退化转化为现实的草原退化。

人为活动对草原生态系统的影响往往是不断累加的、多方面的、全方位的、深远的；与自然作用力相比，人为活动的干扰力既可加速草原的退化，又可阻止草原生态系统的逆向演替。

（二）退化阶段

草原的退化一般可分为三个阶段：

第一阶段，轻度退化阶段，草群变矮，盖度、产量下降，这时的草原如果给予适当的利用或休歇，可在短期内恢复。

第二阶段，中度退化阶段，植被组成成分发生变化，劣质、低质杂草及毒草大量滋生，这时采取一定的管理措施可在较长时间内恢复。

第三阶段，重度退化阶段，生草土层完全破坏，这时植物成分和生境都发生了变化，难以恢复。

六、退化类型

草原退化成因的差异导致退化类型的多样性。退化类型概括来说大致可分为沙化、盐渍化、黑土滩型退化、石漠化（南方多石山区）、毒害草型退化、鼠害型退化（青藏高原区）、水土流失型退化（黄土高原区）共7类，为使读者能有一个清晰的认识，下面分别做一解释。

（一）沙化

草原沙化，是指不同气候带具有沙质地表环境的草地受风蚀、水蚀、干旱、鼠虫害和人为不当经济活动等因素影响，使天然草地遭受不同程度的破坏，土壤受侵蚀，土壤侵蚀促进表层土壤细粒（粉粒、黏粒）减少而粗粒增加，土壤逐渐出现沙质化的现象。沙化草原主要分布于干旱和半干旱的生态脆弱地区。土质沙化,土壤有机质含量下降,营养物质流失,草地生产力减退,致使原非沙漠地区的草地出现以风沙活动为主要特征的草地退化过程。

（二）盐渍化

草地盐渍化又称盐碱化,指因地面蒸发作用引起的土壤深层和地下水盐分随毛管水上升富集在土壤表层的过程,也指在受含盐（碱）地下水或海水浸渍,或受内涝,或受人为不合理的利用与灌溉影响,形成草地土壤次生盐渍化的过程。

盐渍化包括盐化过程和碱化过程两个方面,主要发生于干旱半干旱地区以及滨海地带。

（三）黑土滩型退化

指青藏高原高海拔地区,以莎草科植物为建群种的高寒草甸严重退化后形成的一种大面积次生裸地（斑）或原生植被退化呈裸露丘岛状的自然景观。退化后因裸露的土壤颜色而称其为“黑土滩”。“黑土滩”退化草地植物种类构成中60%~80%为毒害草。因此,“黑土滩”型退化是毒害草型退化的一种特殊形式。

（四）石漠化

又称石质荒漠化,指因水土流失而导致地表土壤损失、基岩裸露,土地丧失利用价值和生态环境退化的现象。主要发生在南方多石山区。

（五）毒害草型退化

指植物群落内有毒有害草种过度繁衍,替代原生草种或优质牧草成为优势种,植物群落逆向演替、优良牧草比例下降,草地放牧功能降低的一种草地退化类型。

（六）鼠害型退化

指因害鼠活动而引起的草地景观破碎、盖度降低、生产力下降的草地退化类型。

（七）退化

（除上述6种类型之外，由于过度放牧、人为破坏、气候干旱等多种因素综合影响，草地水土流失加剧，进而引起草地退化）草原群落原生优势物种与优良牧草生产力衰减，常伴随可食性差或有毒有害的劣质牧草比例增加，以及物种丰富度的减少，导致草原生态系统功能和服务功能衰退的过程与现象。

七、退化等级

草原退化是通过分析植被和生境的发展变化程度或阶段来进行分级。一般根据GB 19377-2003《天然草地退化、沙化、盐渍化的分级指标》，采用植物群落特征、植物群落结构、指示植物、地上部产草量、土壤养分等指标的变化来确定草原退化等级，也即草原退化分级。按照退化程度，可分为轻度退化、中度退化、重度退化。

（一）分级指标

1.退化草原分级指标

植被指标：植物群落特征、植物群落结构、指示植物和地上部产草量。

生境指标：土壤养分。

分级指标及划分等级见表6-17。

表6-17 草地退化程度的分级与分级指标

<table>
<tr><th colspan="3" rowspan="2">监测项目及指标</th><th colspan="3">退化程度分级</th><th rowspan="2">未退化</th></tr>
<tr><th>轻度</th><th>中度</th><th>重度</th></tr>
<tr><td rowspan="9">必须监测项目</td><td rowspan="2">植物群落特征</td><td>总覆盖度相对百分数的减少率(%)</td><td>11~20</td><td>21~30</td><td>>30</td><td>0~10</td></tr>
<tr><td>草层高度相对百分数的减少率(%)</td><td>11~20</td><td>21~50</td><td>>50</td><td>0~10</td></tr>
<tr><td rowspan="3">植物群落结构</td><td>优势种牧草综合算术优势度相对百分数的减少率(%)</td><td>11~20</td><td>21~40</td><td>>40</td><td>0~10</td></tr>
<tr><td>可食草种个体数相对百分数的减少率(%)</td><td>11~20</td><td>21~40</td><td>>40</td><td>0~10</td></tr>
<tr><td>不可食草与毒草个体数相对百分数的增加率(%)</td><td>11~20</td><td>21~40</td><td>>40</td><td>0~10</td></tr>
<tr><td rowspan="3">指示植物</td><td>草地退化指示植物种个体数相对百分数的增加率(%)</td><td>11~20</td><td>21~30</td><td>>30</td><td>0~10</td></tr>
<tr><td>草地沙化指示植物种数相对百分数的增加率(%)</td><td>11~20</td><td>21~30</td><td>>30</td><td>0~10</td></tr>
<tr><td>草地盐渍化指示植物种数相对百分数的增加率(%)</td><td>11~20</td><td>21~30</td><td>>30</td><td>0~10</td></tr>
</table>

（续表）

监测项目及指标			退化程度分级			未退化
			轻度	中度	重度	
辅助监测项目	地上部产草量	总产草量相对百分数的减少率(%)	11~20	21~50	>50	0~10
		可食草产量相对百分数的减少率(%)	11~20	21~50	>50	0~10
		不可食草与毒草产量相对百分数的增加率(%)	11~20	21~50	>50	0~10
	土壤养分	0~20cm 土层有机质含量相对百分数的减少率(%)	11~20	21~40	>40	0~10
	地表特征	浮沙堆积面积占草地面积相对百分数的增加率(%)	11~20	21~30	>30	0~10
		土壤侵蚀模数*相对百分数的增加率(%)	11~20	21~30	>30	0~10
		鼠洞面积占草地面积相对百分数的增加率(%)	11~20	21~30	>30	0~10
	土壤理化特性	0~20cm 土层土壤容重相对百分数的增加率(%)	11~20	21~30	>30	0~10
		0~20cm 土层全氮含量相对百分数的减少率(%)	11~20	21~25	>25	0~10

注：监测已达到鼠害防治标准的草地，须将"鼠洞面积占草地面积相对百分数的增加率(%)"指标列入必须监测项目。*土壤侵蚀模数指单位时间段内单位水平投影面积上的土壤侵蚀总量，单位为 t/km²·a。

2.草原沙化分级指标

植被指标：植物群落特征、指示植物和地上部产草量。

生境指标：地表状态。

分级指标见表6-18。

表6-18　草地沙化程度的分级与分级指标

监测项目及指标			退化程度分级			未退化
			轻度	中度	重度	
必须监测项目	植物群落特征	植被组成	沙生植物成为主要伴生种	沙生植物成为优势种	植被很稀疏，仅存少量沙生植物	
		总覆盖度相对百分数的减少率(%)。	6~20	21~50	>50	0~5
	指示植物	草地沙漠化指示植物种个体数相对百分数的增加率(%)	6~10	11~40	>40	0~5
	地上部产草量	总产草量相对百分数的减少率(%)	11~15	16~40	>40	0~10
		可食草产量占地上部总产量相对百分数的减少率(%)	11~20	21~60	>60	0~10

（续表）

监测项目及指标			退化程度分级			未退化
			轻度	中度	重度	
必须监测项目	地表状态	地形特征	较平缓的沙地,固定沙丘	平缓沙地,小型风蚀坑,基本固定或半固定沙丘	中、大型沙丘,大型风蚀坑,半流动沙丘	
		裸沙面积占草地地表面积相对百分数的增加率(%)	11~20	21~25	>25	0~10
辅助监测项目	0~20cm土壤理化特性	机械组成	>0.05mm粗砂粒含量相对百分数的增加率(%)	11~20	21~40	>40	0~10
			<0.01mm物理性黏粒含量相对百分数的减少率(%)	11~20	21~40	>40	0~10
		养分含量	有机质含量相对百分数的减少率(%)	11~20	21~40	>40	0~10
			全氮含量相对百分数的减少率(%)	11~20	21~25	>25	0~10

3.草原盐渍化分级指标

植被指标：植物群落特征和地上部产草量。

生境指标：0~20cm土壤理化性质。

分级指标见表6-19。

表6-19　草地盐渍化程度的分级与分级指标

监测项目及指标			退化程度分级			未退化
			轻度	中度	重度	
必须监测项目	植物群落特征	耐盐碱指示植物	耐盐碱植物成为主要伴生种	耐盐碱植物占绝对优势	仅存少量稀疏耐盐碱植物,不耐盐碱的植物消失	
		总覆盖度相对百分数的减少率(%)	6~20	21~50	>50	0~5
	地上部产草量	总产草量相对百分数的减少率(%)	11~20	21~70	>70	0~10
		可食草产量占地上部总产量相对百分数的减少率(%)	11~20	21~40	>40	0~10
	地表特征	盐碱班面积占草地总面积相对百分数的增加率(%)	11~15	16~30	>30	0~10

（续表）

监测项目及指标			退化程度分级			未退化
			轻度	中度	重度	
必须监测项目	0~20cm土壤理化特性	土壤含盐量相对百分数的增加率（%）	11~40	41~60	>60	0~10
		pH值相对百分数的增加率（%）	11~20	21~40	>40	0~10
辅助监测项目	地下水	矿化度相对百分数的增加率（%）	11~20	21~30	>30	0~10
	0~20cm土壤养分含量	有机质含量相对百分数的减少率（%）	11~20	21~40	>40	0~10
		全氮含量相对百分数的减少率（%）	11~20	21~25	>25	0~10

4.草原石漠化分级指标

植被指标：植被盖度、植被类别及秋季当年地上生物量。

生境指标：坡度、岩石裸露程度。

草原石漠化程度的监测、分级指标及分级可参阅GB/T 29391-2012《岩溶地区草地石漠化遥感监测技术规程》。

（二）分级方法

1.草原退化分级的参照依据

参照依据是用于退化程度诊断的基准，所以一般选择理想状态下的草地基况，即具有顶极植物群落或者接近于顶极植物群落、能够体现一个特定区域最优健康状况的草地生态系统。选择参照依据的具体方法包括：

（1）未退化草地以监测点附近相同水、热条件草地自然保护区中合理利用示范区相同草地类型的植被特征与地表、土壤状况为基准。

（2）监测点附近没有草地自然保护区，或草地自然保护区没有与需要评定是否退化的相同草地类型时，以20世纪80年代初、中期全国首次统一草地资源调查所获被监测地区相同草地类型中的未退化植被特征与地表、土壤状况为基准。

（3）监测点附近既没有草地自然保护区，又缺少20世纪80年代初、中期全国首次统一草地资源调查的资料时，用正式出版的以20世纪80年代初、中期全国首次统一草地资源调查资料编写的各省（自治区、直辖市）草地资源专著中未退化的相同类型草地资料为准。

2.退化（沙化、盐渍化）草原分级方法

（1）50%以上的必须监测项目指标达到某一退化级（或沙化、或盐渍化）规定值时，则该草地视为退化（或沙化、或盐渍化）草地，并以必须监测到项目达标最多的退化（或沙化、或盐渍化）等级确定为该草地退化（或沙化、或盐渍化）等级。

（2）70%以上的必须监测项目指标未达到各级退化（或沙化、或盐渍化）草地标准时，则认定该草地为未退化（或沙化、或盐渍化）草地。

（3）当达到各级退化（或沙化、或盐渍化）标准的必须监测项目指标占必须监测项目指标总数的30%~50%时，需要用辅助监测项目指标进一步评定。

当必须监测项目指标中的30%~50%的项目指标达到轻度以上退化（或沙化、或盐渍化）且辅助监测项目指标中40%以上的指标达到轻度以上退化（或沙化、或盐化）等级时，则认定为退化草地，并以必须监测项目达标最多的退化（或沙化、或盐渍化）等级认定其为退化（或沙化、或盐渍化）。

当必须监测项目指标中30%~50%的项目指标达到轻度以上退化（或沙化、或盐渍化）等级，而辅助监测项目指标中达到轻度以上退化（或沙化、或盐渍化）等级的少于40%时，视为未退化（或沙化、或盐渍化）草地。

（4）轻度沙化草地、轻度盐渍化草地视为中度退化草地。

（5）中度或重度沙化草地、中度或重度盐渍化草地视为重度退化草地。

第四节　2023年草原资源健康与退化评价技术规程

为掌握草原资源现状，为草原生态保护建设提供科学依据，2023年中国以20世纪80年代的草原资源状况为参照，并默认其为健康，对草原资源健康与退化现状进行评估。

一、技术思路

按抽样精度抽取样地，布设样地样方，采用地面调查结合遥感技术获取草地健康和退化状况基础数据；建立以草原植被群落状况、地表特征、生物多样性、牧草生产性能指标为主的草原健康和退化评价指标体系，构建评估模型；以20世纪80年代草地资源状况为参照，建立参照系；采用点面耦合，通过遥感反演、插值运算等方法将监测指标数据空间化，赋值到草地小班；监测数据或模型测算数据与评估参照系作对比，进行草原健康和退化定量定性评估，得出健康和退化等级，形成草原健康、草原退化等专题成果。

草原健康与退化评估技术除不进行观测小样方（样方面积4m²）的调查外，调查所需物资、样地的布设、样地、样线、样方调查方法、调查指标的设定和计算方法同第五章草原调查监测相关章节（第二节、第三节），本节就不赘述了。下面简要介绍一下有关评估指标体系、草原健康指数、草原健康和退化评价有关评估的内容。

二、样地的建立

（一）样地抽样方法

根据草原植被分布特征，综合考虑草原类、亚类、型等因素，采用分层抽样和随机抽样相结合的方法进行抽样。

分层指标共分三级：

一级分层指标为草原类，确保一个单元内所抽样本都能够覆盖各草原类。

二级分层指标为草原亚类，确保一个单元内所抽样本都能够覆盖各草原亚类。

三级分层指标为草原型，确保一个单元内所抽样本都能够覆盖各草原型，可根据实际情况适当调整草原型数量。

（二）样地设计

样地设计图如图6-1。

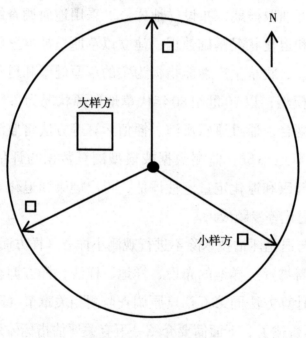

图6-1 样地设计图

三、评估方法

（一）指标体系

指标体系包括草原植被群落状况、地表特征、生物多样性、牧草生产性能4个一级指标和6个相关二级指标。采用层次分析法确定各指标的权重系数，评估指标体系见表6-20。

表6-20 草原健康和退化评估指标体系

一级指标		二级指标		方向
指标名称	权重系数	指标名称	权重系数	
植被群落状况	0.30	(1)植被覆盖度(%)	1.0	正
地表特征	0.20	(2)裸地(斑)面积比例(%)	1.0	负
生物多样性	0.25	(3)物种丰富度*	1.0	正
牧草生产性能	0.25	(4)鲜草产量(kg/hm²)	0.5	正
		(5)可食牧草比例(%)	0.25	正
		(6)毒害草比例(%)	0.25	负
*物种丰富度即为植物种数。				

（二）草原健康指数

草原健康指数（H）反映草原生态系统的整体状况，由植被群落状况指数（V）、地表特征指数（L）、生物多样性状态指数（B）、牧草生产性能指数（F）4个分指数按不同权重测算得出。

草原健康指数计算公式如下：

$$H = (0.30 \times V + 0.2 \times L + 0.25 \times B + 0.25 \times F) \times 100$$

其中：V——植被群落状况指数，反映草原植被生长状况的好坏；L——地表特征指数，反映草原地表状况的优劣；B——生物多样性状态指数，反映生物多样性丰富的程度；F——牧草生产性能指数，反映草原生产能力的高低。

四个分指数计算公式如下：

1.植被群落状况指数

$$V = \frac{VC}{VCr}$$

式中：VC——植被覆盖度，VCr——植被覆盖度的参照值。当VC > VCr时，比值取1。

2.地表特征指数计算方法

$$L = \frac{BP}{BPr}$$

式中：BP——裸地（斑）面积比例，BPr ——裸地（斑）面积比例的参照值。当BP < BPr时，比值取1。

3. 生物多样性状态指数

$$B = \frac{SR}{SRr}$$

式中：SR——原生植物种数，SRr ——原生植物种数的参照值。当SR > SRr时，比值取1。

4. 牧草生产性能指数

$$F = \frac{FP}{F\,Pr} \times 0.5 + \frac{EF}{EFr} \times 0.25 + \frac{PHr}{PH} \times 0.25$$

式中：FP——鲜草产量，FPr ——鲜草产量的参照值。当FP > FPr时，比值取1。

EF——可食牧草比例（可食牧草产量与总产量相比），EFr ——可食牧草比例参照值。当EF > EFr时，比值取1。

PH——毒害草比例（毒害草产量与总产量相比），PHr ——毒害草比例参照值。当PH < PHr时，比值取1。

5. 参照值的确定

基于20世纪80年代大部分草地资源状况监测数据，结合专家知识，确定不同草原类各指标的参照值（表6-21）。各地区在此基础上，结合历史调查数据、草原实际状况或利用遥感技术对参照值进行细化完善，确定本地区合理的指标参照值。

表6-21　健康草原指标参照值

草原类	植被覆盖度 VCr	裸地(斑)面积比例 BPr	原生植物种数 SRr	鲜草产量 FPr	可食牧草比例 EFr	毒害草比例 PHr
温性草甸草原	80	10	20	1500	80	10
温性草原	50	30	15	1000	90	10
温性荒漠草原	35	40	10	500	90	10
高寒草甸草原	50	10	10	400	90	10
高寒草原	40	20	10	300	90	10

（续表）

草原类	植被覆盖度 VCr	裸地(斑)面积比例 BPr	原生植物种数 SRr	鲜草产量 FPr	可食牧草比例 EFr	毒害草比例 PHr
高寒荒漠草原	25	50	8	200	90	10
温性草原化荒漠	20	60	8	500	90	10
温性荒漠	20	70	5	400	85	15
高寒荒漠	10	80	4	100	85	10
暖性草丛	80	5	15	2000	85	10
暖性灌草丛	85	5	15	2200	85	10
热性草丛	90	5	15	2700	85	10
热性灌草丛	90	5	15	2600	85	10
干热稀疏灌草丛	85	5	15	2000	85	10
低地草甸	90	10	10	2000	90	10
山地草甸	90	10	20	1800	85	10
高寒草甸	90	10	10	1000	85	10

注：各草原类指标参照值可根据区域适当调整,调整范围:±10 %。

（三）草原健康和退化评价

1.健康评价

根据草原健康指数（H）计算结果，按下表评价为健康、亚健康、不健康、极不健康4个等级，见表6-22草原健康等级划分。

表6-22　草原健康等级划分

序号	草原健康指数	等级
I	$H \geqslant 80$	健康
II	$60 \leqslant H < 80$	亚健康
III	$40 \leqslant H < 60$	不健康
IV	$H < 40$	极不健康

2.退化评价

根据评估年与基准年草原健康指数的变化情况（ΔH），判断草原是否退化，并评价退化程度。

$$\Delta H = H\alpha - H\gamma$$

Hα为评估年指数，Hγ为基准年指数。

本次评估以20世纪80年代草原资源状况为参考，式中Hγ取值100，使用以下公式计算△H：

$$\Delta H = H\alpha - 100$$

△H为0或正值，则判断为未退化；△H为负值，则判断为退化。按变化程度分为4个等级，见表6-23。

表6-23 草原退化程度等级划分

序号	指数变化范围	等级
I	△H≥0	未退化
II	−20≤△H<0	轻度退化
III	−40≤△H<−20	中度退化
IV	△H<−40	重度退化

（四）指标数据空间化

基于样地监测数据，通过点面耦合，采用遥感反演、空间插值等方法进行指标数据空间化。具体如下：

1.以一定区域为单位在空间像元尺度上对样地样方数据进行处理，采用遥感建模或空间插值等方法将植被盖度、产草量、裸地（斑）面积比例、可食牧草比例、毒害草比例、物种丰富度等指标推算到每个空间像元。像元大小控制在10~250m范围内，可根据该区域的实际确定像元大小。

（1）植被覆盖度、产草量遥感反演

对遥感数据经预处理和质量控制，采用最大值合成法获得草原生长最旺盛时期影像数据（影像获取时间与外业调查时间间隔在30d之内）。根据不同草原类型的植被特征，分别选择NDVI、EVI等植被指数与地面样方数据，采用一元线性回归、多元线性回归、机器学习等方法，建立植被覆盖度与植被指数的数学关系，构建不同反演模型，并根据调查数据进行模型验证优选，根据优选后的模型反演草原植被覆盖度和产草量。

（2）裸地（斑）、可食牧草、毒害草、物种丰富度空间插值

通过样地样方调查的裸地（斑）面积比例、可食牧草比例、毒害草比例、物种种数等数据，根据草原类型空间分布，选取最优空间插值法，得到各指标的空间分布数据。

2. 在像元尺度上，应用计算公式计算健康指数，得出健康和退化等级。

3. 当面积较大的小班存在两种及以上退化程度时，在维持国土"三调"及其变更数据图斑界线的基础上，要按退化程度进行细化分割，分割后的图斑最小上图面积不得低于400m^2。

4. 小班赋值。通过区域统计分析，获取小班的植被覆盖度、产草量、裸地（斑）比例、可食牧草比例、毒害草比例、物种丰富度及健康等级、退化等级。

第五节　其他学者关于草地健康与退化评价方法的论述

一、草地健康和草地退化的分步评价方法

董世魁等（2023）认为现有草地健康与退化评价方法科学性不强、评价结果精准度不高，其在梳理国内外相关研究的基础上构建了用于草地健康和草地退化评价的不同指标体系，提出了简明、清晰、可操作性强的草地健康和草地退化的分步评价方法及草地健康和退化判断标准。该方法可以从遥感和地面调查实现大尺度和小尺度的精准评价。

（一）评价参照系统的选择

选择理想状态下的草地基况，即具有顶极植物群落或者接近于顶极植物群落，并能够体现一个特定区域最优健康状况的草地生态系统。

选择参照系统的具体方法包括：

1.优先选择评价区周边水热条件相近的草地类自然保护地的合理利用示范区、草畜平衡或围栏封育示范区的典型样地。

2.评价区周边没有草地类自然保护地、草畜平衡或围栏封育示范区，选择20世纪80年代初、中期全国首次草地资源调查所得的与评价区具有相同草地类型的典型样地。

3.如果评价区周边没有草地类自然保护地、草畜平衡或围栏封育示范区，又缺乏20世纪80年代初、中期全国首次草地资源调查所得的与评价区具有相同草地类型的典型样地，则采用正式出版的20世纪80年代初、中期全国草地首次调查资料编写的各省、市、自治区草地资源专著或文献中相同草地类型的典型样地。

（二）评价指标选择

1.植被指标：包括地上生物量、植被盖度、顶极植物群落优势植物生物量和地下（根系）生物量。

2.土壤指标：包括土壤容重、土壤有机质和全氮。

3.综合指标：包括裸地或裸斑、顶极植物群落优势种优势度。

（三）评价指标权重量化

评价指标权重量化主要采用德尔菲专家评价法按不同草原类进行量化。

（四）分步评价

1.植被健康分步评价

首先按植物群落的地上生物量、盖度、优势植物产量及地下（根系）生物量等指标与参照系统的对应值求得各单指标的减少率，再根据各单指标的减少率参考范围量化分级确定分值，然后依据评价区草原类型按单指标专家确定的权重与分值相乘，最后求各指标的和，即得草地植被健康指数。

2.土壤健康评价分步评价

方法同上，只不过计算的是土壤容重、有机质含量与全氮含量的变化情况（即相对减少率）。

3.草地健康整体评价

第1步，在样地或区域尺度（1 hm²）用遥感和无人机技术监测评价区的裸地（裸斑）面积，与参照系统的裸地（裸斑）面积相比，得出大尺度草地生态状况的整体情况（表6-24）。

裸斑（裸地）相对增加率计算方法：

$$\Delta R = (R_0 - R_i)/R_0$$

式中：ΔR为裸地（裸斑）的相对增加率，R_0为参照系统裸地（裸斑）面积，R_i为评价区裸地（裸斑）面积。

第2步，如果在样地或区域等大尺度上遥感或无人机监测发现裸地面积增加率<5%，则要进行地面样方调查，分析气候、土壤、植被等生境条件变化后导致的植物群落组成变化，具体将参照系统的植物群落作为顶极植物群落，将其优势种或共优种的优势度与评价区同种植物的优势度相比，得出小尺度草地生态状况的整体情况（表6-24）。

表6-24 草地健康状况整体评价

判定指标	健康	亚健康	不健康	极不健康
裸地（裸斑）的相对增加率	0~5	6~20	21~50	>50
顶极植物群落优势种或共优种优势度相对减少率	0~5	6~20	21~50	>50

顶极植物群落优势种或共优种的优势度相对减少率计算方法：

$$\Delta R = (R_0 - R_i)/R_0$$

式中：ΔR为顶极植物群落优势种或共优种优势度的相对增加率，R_0为参照系统顶极植物群落优势种或共优种优势度，R_i为评价区顶极植物群落优势种或共优种优势度。

（五）草地退化/恢复评价

1.草地退化/恢复程度评价

将评价区当期和往期的植被健康指数进行对比，通过植被健康指数的变化量来反映草地植被退化或恢复程度。

2.土壤退化/恢复程度评价

将评价区当期和往期的土壤健康指数进行对比，通过土壤健康指数的变化量来反映草地土壤退化或恢复程度。

3.草地退化/恢复程度整体评价

第1步，在样地或区域尺度（1 hm²以上）上，将评价区当期和往期的裸地（裸斑）面积比例进行对比，通过裸地（裸斑）面积占比的变化量来反映草地生态系统大尺度退化或恢复程度，具体分级结果如表6-25所列。

第2步，如果前后两个时段的评价区裸地（裸斑）面积占比<5%，则要进行地面样方调查，根据顶极植物群落优势种或共优种的优势度变化来反映草地生态系统小尺度退化或恢复程度，具体分级结果如表6-25所列。

表6-25 草地退化/恢复程度评价

评定指标		草地恢复			基本保持不变	草地退化		
		显著恢复	明显恢复	略有恢复		轻度退化	中度退化	重度退化
草地生态整体变化	样地或区域尺度裸地（裸斑）变化量	<-40	-40~-25	-24~11	-10~10	11~24	25~40	>40
	样方尺度顶极植物群落优势种优势度变化量	<-40	-40~-25	-24~11	-10~10	11~24	25~40	>40
草地生态因子变化	植被健康指数变化量	2.00~3.00	1.20~1.99	0.41~1.19	-0.40~0.40	-1.19~-0.41	-1.99~-1.20	-3.00~-2.00
	土壤健康指数变化量	2.00~3.00	1.20~1.99	0.41~1.19	-0.40~0.40	-1.19~-0.41	-1.99~-1.20	-3.00~-2.00

二、甘肃省草原退化评价方法研究

李霞等（2022年）认为选取地上产草量、可食草产量、植被覆盖度作为草地退化评价指标，采用专家打分法确定指标权重，参照草地退化国家标准，通过反距离插值法分析当前甘肃省草地退化现状，可以有效地利用甘肃省每年国家级和省级固定监测点数据，进行长期退化监测的比较研究，对甘肃省草原可持续发展及提高生产力水平有着重要意义。

第七章　草原生态修复

第一节　草原生态修复概述

一、草原生态修复的对象、目标、意义

草原是人类可持续利用的自然资源，在有些地区甚至是人们赖以生存的物质基础。但草原生态系统是一个开放的系统，受自然或人为活动等因素的影响，处于不断发展变化中，当外界的干扰打破草原生态系统的平衡时，草原健康状态面临退化和崩溃风险，草原出现逆行演替。草原生态修复的对象即为退化草原生态系统。

退化草原生态修复的目标是遏制草原退化，维持草原生态系统的正常运转，恢复和提高草原生产力、生态服务功能，实现草原生态健康可持续利用。

草原生态系统是构建山河水林田湖草沙生命共同体不可缺少的一部分，在确保国家生产、生活和生态安全方面意义重大。

无论是草原生产力的恢复，或是生态服务功能的提高，必须同时基于草原的生物组成（植物、动物和微生物）、植被和土壤结构、功能，包括生物多样性、水平与垂直结构、能量流动、物质循环与信息传递等营养功能的良性改变和发展。

二、草原生态修复的原理

草原生态修复是利用生态学基本原理和方法，对濒临退化或已退化的草原，在不破坏草原原生植被的条件下，主要通过各种农艺措施，保

护和改善天然草群赖以生存的环境条件，帮助原生植被恢复，必要时直接引入适宜草原立地条件生存的天然草种或驯化种，增加天然草群成分和植被密度，提高草原第一性生产力。对于特殊草地的修复，还可采用工程、物理、化学和生物措施。

第二节 草原生态修复主要技术措施

天然草原经过长期自然演替和人类生产活动的影响，土壤变得紧实，土壤通气和透水作用减弱，微生物活动和生物化学过程降低，直接影响牧草水分和营养物质的供应，因而使得优良牧草从草层中衰退，降低草原的生产力，草原出现退化。退化草原生态修复是一个复杂的问题，如仅仅依靠自然恢复，需要经过漫长的时期，估计需要20~30年，甚至更长。因此，不可能只用一种办法，要贯彻综合治理的思想，通过人工投入，采取多种措施进行治理，加快退化草原恢复的速度。目前，采取的措施主要有：围栏封育、划破草皮、浅耕翻、松耙、免耕补播、施肥、灌溉、清除有毒有害或不良牧草、微生态修复以及休牧、轮牧和禁牧等。

围栏封育、轮牧、休牧、禁牧等自然修复措施对退化草原生态修复有着重要的意义，适用于各类型的草原，是退化草原植被和土壤恢复的有效措施。但不同类型不同退化程度的草原围封、禁牧后应视恢复状况进行合理利用；划破草皮、浅耕翻、松耙、免耕补播、施肥、灌溉、清除有毒有害或不良牧草、微生态修复等人工干预修复措施是中重度退化草原植被和土壤恢复的更有效的措施，但修复应用时需根据不同的草原类型、不同的自然条件，因地制宜地选择使用。

一、围栏封育

草原生态系统是一个自然组织系统，具有自我调节能力，对于轻度、中度退化的草原，生产力尚未受到根本破坏时，采用草原围栏对于草原生态系统平衡以及草原牧草的生长起着关键的作用。封育就是将退化草原暂时封闭一定时期，在此期间不进行放牧、割草，使草原植被有一个休养生息的机会，使牧草能够充分生长，恢复生机，并使牧草有进行结籽或营养繁殖的机会，促进草群自然更新，提高草地生产力。这是一种简单易行、投资少、见效快的草原修复措施。

天然草原的围栏封育可防止随意抢牧、滥牧。草原封育后，由于消除了家畜过牧的不利因素，草原植物能贮藏足够的营养物质，可进行正常的生长发育和繁殖。一些优势植物开始形成种子，群落的有性繁殖功能增强。特别是优良牧草，在有利的环境条件下，恢复生长迅速，增加了与杂草竞争的能力，不但能提高草原产草量，还能改善草原的质量。

（一）围栏封育的方法

1.封育草地选择：根据利用目的、植被类型和草原的退化情况而定。一般来说，为了培育打草场，应选择地势平坦、植被生长较好，而且以禾本科牧草为主的草原；若为培育退化草地，应选择退化较轻的草地进行封育；为了固沙，可选择流动沙丘或半固定沙丘草地。

2.封育时间：依据具体情况而定，短则几个月，长则1年或数年，干旱荒漠草原封育至少应在2~3年。也可实行季节封育，即春秋封闭，夏冬利用。也可以实行小块草地轮流封育。草地封闭后，牧草的生产力得到一定的恢复，应选择适当时期，进行轻度放牧或割草，以免牧草生长过老，草质变劣，降低适口性。

3.草原围栏的种类：草原围栏的分类通常是按使用目的不同和建筑材料的不同划分的。按使用目的可分为人工饲草地围栏、放牧围栏和草原保护区围栏。人工饲草地围栏就是指人工选择适宜的牧草种子通过人工进行有意识地修复草地，或者根据家畜种类的需要，选择更加适合家畜食用的牧草进行种植培养；放牧围栏，就是多用于划区进行轮牧的围栏，是把草原划分不同的片区，进行轮牧利用，给草地恢复的时间；草原保护区围栏，就是对于一些有特殊功能、利用于科学研究的草原进行围栏保护，减少或阻止人为干扰，保证科研的顺利进行。

围栏可用多种材料或设施，常用的围栏有网围栏、刺铁丝围栏、草垡墙、石头墙、土墙、开沟、生物围栏和电子围栏等。

（1）网围栏：目前国内外使用较普遍。主要材料是厂家生产的钢丝及固定桩（多为角铁、水泥桩或木桩），围建比较方便、占地少、易搬迁，但成本较高。

（2）刺铁丝围栏：国内多数地方使用。这种围栏的刺丝、支撑桩有市售的，也可自行加工。刺铁丝的主线一般用12#（线径2.64cm）铁丝，刺用14#（线径2.02mm）铁丝拧制。两根12#丝合在一起，外边每隔10cm左右拧上刺，多数情况下需拉4~5根刺丝线。支撑桩可用多种材料，如木桩（直径100~150mm，长2m左右）、角铁（3mm×40mm、长1.8m）、钢筋（直径20~25mm，长1.8m）、钢筋混凝土桩（120×120mm，长2m）。安装时，线的走向尽可能要直，拐弯处要加内斜撑或外埋地锚拉线，以便加固。支撑桩必须栽直、填实，埋在土中的深度在50cm以上。上面的刺丝线要拉紧并固定结实。围栏修成后要加强管护，随时维修，使其真正起到围栏的作用。此种围栏成本也较高，但使用年限较长，因其上有刺，对家畜的阻拦效果好。

（3）草垡墙：因可就地取材、成本较低而在一些地方使用。主要适宜在草皮、草根絮结的草地上使用。可就地挖生草块垒墙，墙底宽100cm、顶宽50cm、高150~160cm。草垡墙的不足之处是对草地破坏较大，在潮湿多雨地区使用年限很短。

（4）石头墙：利用就地石板、石条、石块垒砌成墙，规格与草垡墙相当。如果材料方便，垒好了可使用多年。

（5）土墙：气候较干燥、土壤黏结性较好的地方，可打土墙做围栏，土墙底宽50~80cm，顶宽30~40cm，高100~150cm。

（6）开沟：在山脊分水岭或其他不易造成冲蚀的地方，开挖壕沟

（深150~200 cm）对草地起围栏作用。为防止倒塌，沟的上面应比底部宽些。

（7）生物围栏：在需要围圈的地方栽植带刺或生长致密的灌木或乔灌，待充分生长后就会形成"生物墙"或"活围栏"，在风沙地区它还可作防风固沙的屏障，枝叶也可作饲料。在宜林地区建造这种围栏是很有用处的。

（8）电子围栏：这是近年来国内外提倡并推广应用的一种新型围栏，电源有的用发电厂的交流电，有的用风力或太阳能发电，也有用干电池的。电子围栏支撑桩多用木桩，一方面绝缘性能好，同时也便于安装绝缘子。围栏线用光铁丝或刺铁丝均可，移动式围栏最好用光铁丝，便于搬移。

4.封育草地保护措施：单纯的封育措施为植物正常生长发育提供了机会，而植物的生长发育能力还受到土壤透气性、供肥能力、供水能力的限制。单一的草地封育措施虽然可以收到良好的效果，但若与其他培育措施相结合，其效果会更加显著。因此，要全面恢复草地的生产力，最好在草地封育期内采用综合培育改良措施，如施肥和灌溉等，来改善土壤的通气状况、水分状况，个别退化严重的草地还应进行草地补播。①设置围栏。封育草地应设置保护围栏，围栏应因地制宜，以简便易行、牢固耐用为原则。若草地面积不大时，可就地取材，采用垒石墙、围篱笆等防护措施；若封育大面积草地，则宜采用围栏方法。②补播。草原围栏建好后，草原治理和保护工作者要积极指导、引导牧区进行补播和改善草种。根据草地现状、牲畜需求，可选择补种蒙古冰草、硬质旱熟禾、羊茅、黄花苜蓿、柠条、胡枝子、锦鸡儿、草木樨状黄芪、甘草、茇茇草、沙枣等优质牧草。常用的补播方法有：人工撒播、带状条播（机引或者马拉进行）；飞机高空播种（草原面积较大且植被盖度小于30%适用）等。③加覆盖物。草原分布区一般都是地域广袤、气候干旱，常常有较大的风沙危害，对于牧草幼苗的生长极为不利，所以根据需要在补播后的地面上覆盖一些秸秆或枯草，既可保持土壤水分，也可保护幼苗，促进草原植被恢复。④进行施肥、灌溉。草原上的植被有天然生长的，也有人工建植的，而长年风吹日晒或者因过度放牧，以及人为的滥挖乱采使牧草生长环境受到破坏，土壤水分含量低、肥力下降。因此根据情况，有条件的时候要适当地灌溉、施肥，保证草原植被更好的恢复。⑤轻度放牧或刈割。草原围栏建设后，为了促进草原植被的有效恢复，既要给草原生养休息的机会，也要适时进行轻度放牧或刈割，以免植物变粗、变老，营养价值降低。

（二）围栏封育效果研究

关于围栏封育实施效果，众多学者和科技工作者进行了研究，下面摘要介绍一些研究成果。

郑翠玲等（2005）研究发现随着围封年限的增加，退化指示植物所占比例逐渐降低，建群种及优良牧草占比逐渐增加。另外，闫虎等（2005）研究也得出围封使优良牧草占比增加的结论。

李红艳（2005）研究发现，围封除了使草群物种多样性、植物平均密度、喜食牧草数量、牧草产量增加外，还增加了土壤种子库中种子萌发的种类和种子密度。

单贵莲（2008，2009）等针对退化草地进行不同围封年限群落结构、植物多样性与土壤特征的比较研究，结果表明，重度退化草原采用生长季围封措施后，群落生产力与物种多样性增加，群落结构和各物种的优势地位发生较大改变。随围封年限的延长，群落盖度与密度增加，到14年达最大，之后降低，高度和产量持续增加，围封25年达最大；重度退化草地采用生长季围封恢复措施后群落地上现存量、盖度、密度、根系生物量、地表凋落物现存量及土壤养分含量都有显著增加，土壤容重、紧实度＞0.25mm的粗颗粒含量显著降低，群落结构优化，土壤环境改善，植被与土壤间形成一个相互作用的良性循环系统，退化草地正向演替。草地在围封恢复过程中若连续多年刈割利用，容易导致生产性能降低、群落盖度与密度下降、草群矮化、土壤养分含量下降，草地发生二次逆行演替。季节性围封的管理方式既可保证退化草地在一定程度上得到恢复，也能达到充分利用草地资源的目的。

李璠等（2013）以青海湖流域主要植物群落进行围栏封育后对群落多样性与稳定性的影响为研究对象，结果表明，通过围栏封育可以使草地类型的多样性提高，即围栏内的多样性指数高于围栏外，但差异并不显著。适度放牧可以提高群落的多样性，过度放牧会抑制群落的多样性。

张树萌（2019）通过研究围栏封育对种群间生态位、草地碳固持能力的影响，认为封育年限增加，草地生态系统种间竞争增加，封育有利于土壤碳的固定和土壤活性有机碳库的积累，是恢复退化草地碳汇功能的有效措施。

黎松松等（2023）以喀尔里克高寒草甸为研究对象，结果表明，相对于放牧样地，围栏封育以后，高寒草甸优势物种的功能性状得到显著恢复；群落盖度提高了6.27%，地上生物量提高了1.73倍。

秦瑞敏（2024）等以退化高寒草甸为研究对象，研究了不同围封年限（0、4、13年）和长期施肥（N、P）下草甸群落特征和碳氮库的变化。结果表明，不同围封年限对植被生物量有显著正效应，其中，群落地上生物量和根系生物量在4年围封时达到最高，凋落物生物量则随围封年限增加而逐渐增加，且植被碳氮库变化与群落生物量高度一致。

樊丹丹等（2024）以青藏高原不同类型草地土壤原核微生物为研究对象，结果表明，围栏显著增加了草原土壤的原核微生物的丰富度、香农多样性和均匀度。

综合以上学者的研究结果，可以明确得知，围栏封育可以显著改善草原群落结构、地表特征和土壤环境，提高草原生产力。

二、划破草皮

该技术方法为任继周院士于1958年首次提出，用于改良高山草原。

通过实践，可提高高山草原生产力2.5倍。20世纪60年代，任继周院士与青海省畜牧研究所合作研制出中国第一代草原划破机——燕尾犁，后来逐渐改进为划破补播机。

（一）划破草皮的作用

划破草皮为补播、施肥和有害生物防控等其他草原修复措施创造条件。划破草皮是在不破坏天然草原植被的情况下，以机械对絮结的草皮进行适度划缝的一种草原修复措施。通过划破草皮可以改善草原土壤的通气条件，提高土壤的透水性，改进土壤理化条件，促进植物生长发育，提高草地生产能力。划破草皮能使根茎型、根茎疏丛型优良牧草大量繁殖、生长旺盛；划破草皮还有助于牧草的天然播种，有利于草地的自然复壮，促进植被恢复，改善草原植物的群落组成，提高草原生态系统的稳定性；其还能调节土壤的酸碱性和减少土壤中有毒、有害物质，改变土壤微生物和养分，维持土壤稳定性。划破草皮后需禁牧2年以上，翌年可适度割草利用。

（二）划破草皮的方法

1.机具选择：根据划破面积的大小，选择畜力或拖拉机牵引机具，如旋耕犁、燕尾犁、牛角犁等。

2.区域选择：划破草皮最适宜的作业区域为气候寒冷潮湿、海拔3000m左右的高山草甸以及气候温和、土壤水分含量较大、植被以根茎型或根茎疏丛型为主，地面往往形成坚实的生草土的草地；应选择地势平坦的草地进行；缓坡草地，应沿等高线进行划破，防止水土流失。

3.作业时间：宜掌握在土壤水分适当的时节进行，一般多安排在早春或晚秋。早春划破，大地刚解冻时，土壤水分较多，划破作业容易，且有利于牧草生长；秋季划破，可以把牧草种子埋藏起来，有利于来年牧草的生长发育。作业深度一般10~15cm，行距宽度30~60cm为宜。

4.适用范围：划破草皮的方法，不是所有的草地都适用，应根据草地的具体情况而定。划破草皮以中轻度退化草地为主，对那些又干又热的地区，如河西走廊的平地及内蒙古西部某些地区，不可采用划破草皮的方法。因为在这种气候条件下，划破草皮会增加土壤水分蒸发，不利保墒，且破坏牧草的地下部分，反而会使牧草产量降低，甚至造成风蚀。

（三）划破草皮效果研究

划破强度是划破措施的关键环节，划破强度是影响草原生产力和物种多样性的重要因素之一，并对生产力-物种多样性关系的作用呈"驼峰"型曲线变化，存在明显阈值，在阈值的左侧，随着划破强度增加，植物群落物种多样性和生物量逐渐增大，当划破强度超过阈值，植物群落物种多样性和生物量显著降低，因此，明确划破强度的阈值是通过划破修复草原的关键。划破强度和划破区域显著影响植物群落物种多样性、生物量和土壤水分。例如，李琪琪等（2023）通过研究黄土高原典型草原群落结构和土壤水分对划破的响应发现，在生态环境较为脆弱的黄土高原采用划破可以改善退化草地，维持生态系统的稳定性。划破强度显著影响退化草地恢复状况，黄土高原典型草原植物群落对划破强度存在响应阈值，划破强度为43.7%~55.3%时，植物群落物种丰富度最高，划破强度为43.8%~45.7%时植物群落地上生物量最高，表明划破强度对典型草原的作用阈值为43.7%~55.3%。61.9%划破强度下土壤水分增加，植物生长竞争力增强，更容易吸收深层土壤水分，诱导更多的地下生物量分配。李小龙等（2016）在青藏高原东缘东祁连山高寒草甸草原开展平地和坡地划破草皮试验，研究了划破草皮对植物群落特征及地下生物量的影响。表明划破草皮在平地是一种有效的改良措施，而在坡地改良效果不显著。

如前所述，划破草皮最适宜高寒阴湿的高山草甸草原。例如，万秀莲等（2006）研究探讨了高寒草甸在不同划破强度下植被组成、多样性、功能群和生产力的变化，结果表明，划破干扰可独立作为高寒草甸类草地修复的有效措施。在实践中划破措施并非一定要与施肥、补播等措施组合使用，在很多情况下，依靠激发草地自身潜力的办法要比人为添加的办法更符合自然规律的要求，因而也就更有利于对自然环境的保护。

但也有学者研究发现，划破草皮与其他恢复措施结合效果显著。例如，柴锦隆等（2016）对甘南退化高寒草甸采取不同改良措施（经综合恢复即"围封+划破草皮+补播+灭鼠（ESRD）""围封+灭鼠（ED）"、围封（E））研究土壤种子库的特征。结果表明，对甘南退化高寒草甸采取综合恢复（ESRD）时，土壤种子库物种数趋于增加，比 ED 高出 16.9%，比 E 高出 63.9%。冯忠心等（2013）研究围栏内补播和划破草皮对退化亚高山草甸植被的高度、总盖度、地上生物量和功能群物种多样性总指数的影响。结果表明，在各划破草皮处理中，牧草总盖度、地上生物量和功能群物种多样性总指数随着补播量的增加而增加，植被高度随着补播量的增加呈先增加后降低的趋势。补播和划破草皮有明显的互作效果。

其他诸多学者通过研究表明：划破草皮是修复退化草地的一项十分有效措施，其增产效果通常为 30%~50%。

三、浅耕翻

草地浅耕翻主要选择壤土或沙壤土，植被以根茎型禾草为主的草地。用拖拉机悬挂三铧犁或五铧犁在天然草地上进行带状耕翻，沿等高线作业，深度 15~20cm，翻后耙平，待雨季来临后植被可自然恢复。草地浅耕翻头 1~2 年应进行保护，禁止放牧，可打草利用。

（一）适用条件

1.草地特征

必须选择在以根茎禾草为主的草地上进行，尤以重度退化草地为主。因为退化草地土壤紧实，抑制了根茎的伸长，而浅耕翻使草地土壤变疏松，孔隙度增加，使通气状况好，土壤微生物活动加强，促进了有机物质分解；土壤有机质、速效养分 N、P、K 均明显增加。

2. 适用时间

耕翻时应选择在雨季到来时进行，特殊干旱年份不可进行耕翻，雨量过大会出现翻垡情况，亦不必进行耕翻。

3. 浅根翻深度

耕翻深度15~20cm，超过这个深度，植物留在土壤中的繁殖体（如根茎、种子、块根和块茎等）就会被埋入土壤深层窒息而死。

（二）浅耕翻演替规律

浅耕翻是改善土壤通透性的草地改良措施。草地耕翻后植被演替规律可分为四个阶段：一二年生杂类草阶段、根茎禾草阶段、丛生禾草阶段和小半灌木阶段。其中，根茎禾草阶段不但草地产量高、草质好，而且利用方便，为优质的打草场或放牧场。

（三）浅耕翻效果研究

聂素梅（1986）在半干旱地区利用浅耕翻方法改良草原的研究表明，浅耕翻后土壤疏松，所以增加了土壤的蓄水能力。浅耕翻比未耕翻草场含水量增加了6.8%~52.9%。浅耕翻地段耕作层的地温比未耕翻草场提高1℃~3℃。

聂素梅等（1991）以退化羊草草甸草场为研究对象，结果表明，浅耕翻既改善了土壤理化性状，为牧草生长发育创造了有利条件，增加了牧草光能利用率，又改变了群落组成，提高了草场质量和牧草产量，经济效益较为显著。

张洪生等（2009，2010）以退化羊草草甸为研究对象，结果表明，浅耕翻能有效地改善退化羊草草甸地上植被的物种组成结构。植被盖度、高度和地上生物量显著提高；浅耕翻改良措施可显著提高退化羊草草地土壤种子库的密度，改善种子库的物种组成结构；浅耕翻处理可以明显改善草地土壤物理性状，提高了土壤含水量、土壤总空隙度、>0.25 mm粒径的水稳性团聚体的含量及团聚体结构稳定系数，降低了土壤容重。

高天明等（2011）在阴山北麓希拉穆仁草原研究不同季节浅耕翻对草地植被和土壤的影响，结果表明，春季浅耕翻造成了严重的风蚀和土壤粗质化，夏季浅耕翻不会引起风蚀和土壤粗质化；夏季浅耕翻样地枯落物较多，盖度约30％，土壤有机质增加8％。综合而言，夏季浅耕翻对草地的恢复作用大于春季。

四、松耙

松耙是改善以根茎禾草或根茎-疏丛型禾草为主的中度退化草甸或草甸草原表层土壤空气状况的常用措施，是草地进行营养更新、补播改良和更新复壮的基础作业。

（一）草地松耙改良的方法

1.松耙机具

主要有深松机、圆盘耙、缺口重耙、旋耕犁等。一般耙松生草土用带有切土圆盘的中耕机较好，耙后能形成6~8cm厚的松土层。松土深度10~15cm，行距35~40cm。对根茎-疏丛成分和纯疏丛成分草层的生草土，使用旋耕犁松耙效果良好。

2.松耙时间

春、夏、秋三季均可进行，但最好在早春土壤解冻2~3cm时，此时有利于土壤保墒，促进植物分蘖。中国北方地区春季多风、气候干旱，此时松耙草地容易加剧草地风蚀，其最佳作业时间安排在夏末秋初。松耙后立即用镇压器镇压地面，禁牧2年以上。

3.适宜草地类型

以根茎状或根茎-疏丛状草类为主的草地，松耙能获得较好改良效果（分蘖节和根茎在土中位置较深），对丛生禾草和豆科草为主的草地损伤较大，匍匐性草类、一年生草类及浅根的幼株可能因松耙而死亡。

（二）松耙改良的优点

退化草地经过松耙改良，可以清除草地上的枯枝残株，促进草地植被的自我更新；松耙表层土壤，有利于水分和空气的进入，改善土壤的物理性状；松耙可将土壤的毛细管切断，减少地表土壤的蒸发作用，起到松土保墒作用；消灭杂草和寄生植物，有利于草地植物的天然下种。

（三）松耙效果研究

赵明清等（2013）以退化羊草草地为研究对象，结果表明，进行松耙可改善板结土壤的通透性，使羊草的株高、密度和干草产量都有了明显提高。

五、补播

草地补播就是用特制的牧草补播机，在不破坏或少破坏草地原有植被的前提下，把能适应当地自然条件的优良牧草种子直接播种在植被盖度很低、种类单一、肥力耗竭，且已退化的草地上，来增加草群中牧草的种类与数量，达到短期内提高草地生产力，改善草群牧草品质的目的。

（一）补播草种的选择

1.草种选择原则

由于补播是在不破坏或少破坏原有植被的情况下进行的，补播牧草生长的环境条件较差如土壤紧实、沙化、干旱、养分不足等；还有补播的牧草与原有植物竞争的问题。因此，要使补播牧草获得成功，必须抓住以下三个环节：一是正确选择补播牧草种类；二是选择有利于补播牧草萌发定居和生长发育的良好条件；三是掌握补播时机。

选择补播牧草种一般应考虑以下几个方面：

（1）牧草的适应性。最好选择适于当地气候条件的野生牧草或经驯化栽培的优良牧草进行。一般来讲，在干旱草原地区补播的牧草应具有抗旱、抗寒和根深的特点。在沙区应选择那些耐旱、抗逆性强和防风固沙的植物。当然在局部地区，还应根据土壤条件，选择不同的补播草种。如在盐碱地，应注意补播牧草的耐盐碱性；有积水的地方，应选择抗水淹性强的牧草等。多年的实践证明，补播时选择乡土草种或品种的成功率和持久性比引进草种和品种要好得多。

（2）牧草的饲用价值。应选择适口性好、营养价值较高，以及能获得高产的牧草进行补播。当这些条件满足不了时，应主要考虑适应性和生态价值的草种。

（3）利用特点。各种牧草对于不同的利用方式具有不同的适应性。如果在放牧地上进行补播，应选择耐牧的下繁草，而割草地应选择植株较高的上繁草。此外，还应考虑到补播牧草在冬季草地上的保存性。

在选择补播牧草时，一定先进行小区试验，试种成功后再大面积推广，防止盲目补播。不同草地类型适宜补播草种见表7-1和表7-2。

表7-1 不同草地类型适宜补播草种（孙吉雄，2000）

草地类型	地面补播	飞播
草甸草原	羊草、冰草、无芒雀麦、看麦娘、偃麦草、山野豌豆、花苜蓿、胡枝子、草木樨、苜蓿	花苜蓿、苜蓿、山野豌豆、胡枝子
干草原	羊草、蒙古冰草、柠条、胡枝子、羊柴、老芒麦、披碱草、斜茎黄芪	草木樨状黄芪、柠条、羊柴、斜茎黄芪
荒漠草原	沙生冰草、木地肤、驼绒藜、老芒麦、披碱草、柠条、羊柴、沙拐枣	羊柴、地肤
荒漠	黑沙蒿、梭梭、花棒	沙拐枣、黑沙蒿
沙地草原	斜茎黄芪、草木樨、盐蒿（差不嘎蒿）、羊柴、花棒、沙生冰草、柠条	斜茎黄芪、柠条、沙蒿
低湿盐碱地	野大麦、肥披碱草、芨芨草、碱茅、偃麦草、草木樨、马蔺、星星草	

表7-2 适宜补播的禾本科草种简介

草种名称	形态特征	特性	生境	适宜用途
冰草（Agropyron cristatum (L.) Ga ertn.）	多年生疏丛型禾草；根须状，密生，具砂套，秆直立，基部节微膝曲，高30~70cm；叶片常内卷；穗状花序粗壮，穗轴密生短柔毛，小穗紧密排列成两行，呈篦齿状，含3~7小花，颖果棕色；花果期6~8月	适应性强，耐旱、耐寒、耐碱；再生性强，耐践踏	干燥山坡、干草原、丘陵及沙地上	是一种放牧和打草兼用型牧草；可作为修复退化和沙化草地的补播草种

（续表）

草种名称	形态特征	特性	生境	适宜用途
沙生冰草 (Agropyron desertorum (Fisch.) Schult.)	多年生密丛型禾草；根外具砂套；秆直立，高 20~70cm；穗状花序细瘦，长圆柱形，小穗紧密排列在穗轴两侧，斜升而不呈篦齿状，含3~7小花；花果期5~8月	根系较发达；耐旱和耐寒性强；耐沙性强	沙地、干草原、丘陵地、山坡	可作修复碱地、保护渠道、保持水土植物
西伯利亚冰草 (Agropyron sibiricum (Willd.) Beauv.)	多年生疏丛型禾草；须根系，无根茎；秆直立，高 70~95cm；叶片长达 20cm，宽 4~6mm；穗状花序疏松，宽1~1.5cm，微弯曲，小穗含9~11花；花果期5~7月	耐微碱性；耐寒、耐旱	沙土，沙壤土地带	在高寒干旱区和半干旱区建立人工草场；可用于修复沙地草场
蒙古冰草 （别名:沙芦草） (Agropyron mongo licum keng)	多年生疏丛型禾草；须根发达；茎直立，基部弯曲；秆直立，高 30~80cm；具 2~3(6) 节，叶鞘短于节间，叶片窄披针形，灰绿色，叶缘内卷，叶舌不明显，花序长 8~10(14)cm，宽 5~7cm，每序有 20~30 个小穗，小穗稀疏，斜上排列于穗轴两侧，每小穗有花 3~8 枚，通常结种子 2~4 粒。花果期4~9月	耐旱、耐瘠薄	北部沙漠以南边缘地带、干燥草原、沙地	刈牧兼用牧草，适于干旱、沙化草原和荒漠草原补播
苇状看麦娘 (Alopecurus arundinaceus Poir.)	多年生根茎型禾草；须根发达，具砂套；秆直立，单生或少数丛生，高 60~140cm；叶片斜向上升，长5~40cm，宽 5~9mm，表面粗糙，背部光滑；圆锥花序圆柱状；小穗长4~5mm，含1小花；花果期6~9月	根状茎发达，无性繁殖力强；微酸或微碱地上生长良好；耐轻度盐碱、水涝和践踏	河谷河滩草甸、沼泽草甸、林缘及山坡草地	打草和放牧用，可作为人工草地栽培和天然草地修复补播
无芒雀麦 (Bromus inermis Leyss.)	多年生根茎型禾草；秆直立，单生或丛生，高 50~120cm；叶片扁平，通常无毛，长 5~28cm，宽 4~10mm；圆锥花序开展，长 0~20cm，每节具 2~5 长分枝，分枝细长，微粗糙，每枝生 1~5 枚小穗，小穗含(5)7~10 小花；颖果棕褐色，长 7~9mm；花果期7~9月	对土壤要求不严，耐盐碱，耐寒，耐旱，再生性与耐牧性都较强	草甸、林缘、山间谷地，河边及路旁	既能放牧又能刈割制作青干草或做青贮饲料；可作水土保持植物

（续表）

草种名称	形态特征	特性	生境	适宜用途
短芒披碱草（Elymus breviaristatus (Keng) Keng f.）	多年生疏丛型禾草；具短而下伸的根状茎；秆直立或基部膝曲，高70cm左右，被蜡粉；叶片扁平，长6~12cm，宽3~5mm；穗状花序疏松，长10~15cm，下垂，小穗含4~6小花；花果期6~7月	喜阳光，耐干旱，适宜在中性或微碱性含腐殖质的沙壤土	海拔3400~4200m的高山草地	刈牧利用均可；可作为补播和修复天然草场的草种
苇状羊茅（Festuca arundinacea Schreb.）	多年生疏丛型草本；秆粗壮直立，高1~1.4m，分蘖力强，基生叶多，株丛繁茂，叶宽大，深绿色，长30~70cm，宽1~1.2cm；圆锥花序开展，长20~30cm，小穗长10~13mm，含4~5小花，颖果长3~4mm，宽1~1.3mm；花果期7~9月	抗寒、耐热；耐干旱又耐潮湿；适宜在肥沃、潮湿、黏重的土壤上生长	海拔700~1200m的河谷阶地、灌丛、林缘等潮湿处	中国北方暖温带的大部分地区及南方亚热带地区建立人工草场及修复天然草场的草种
羊茅（Festuca ovina L.）	多年生密丛型下繁禾草；根须状，黑色；秆细瘦，直立，高15~40cm；叶卷成针状，长2~6cm，分蘖叶可达20cm，宽约0.4mm；圆锥花序紧密状，长2~5cm，分枝常偏向一侧；小穗椭圆形，长3~6mm，含3~6小花果期6~9月	耐寒、耐干旱；喜光、不耐阴、不耐盐碱；再生力强，耐牧	山地草原带，山地荒漠草原，山地草甸	可作为山地草原带退化草场的补播草种；也可用于绿化美化
洽草（Koeleria cristata (L.) Pers.）	多年生密丛型下繁禾草；秆直立，高25~45cm，花序下密生绒毛；叶片灰绿色，狭窄，常内卷或扁平，宽1~2mm；圆锥花序紧缩呈穗状，下部有间断，长4~12cm，有光泽，草绿色或黄褐色，主轴及分枝均被柔毛，小穗长4~5mm含2~3(4)小花；花果期5~9月	喜中温稍湿润的气候，较耐寒，稍耐旱，抗逆性强，再生力强、耐践踏	山坡、草地或路旁	是一种放牧型的优等牧草，可作为山地草原带修复退化草场的补播草种
赖草（Leymus secalinus (Georgi) Tzvel.）	多年生根茎型禾草；秆直立，单生或丛生，高40~100cm，花序下密被柔毛；叶片扁平或内卷，表面及边缘粗糙或具短柔毛，背面光滑或稍粗糙，长8~30cm，宽3~7mm；穗状花序直立，长10~14(25)cm，宽10~17mm，小穗通常2~3枚(1或4枚)着生于穗轴的每节上，长10~20mm，含3~7(10)小花；花果期6~10月	耐寒、耐旱、耐盐、耐瘠薄；侵占性强	沙地、平原绿洲及山地草原带	可作为天然草场的补播牧草

（续表）

草种名称	形态特征	特性	生境	适宜用途
新麦草 （Psathyrostachys juncea（Fisch.）Nevski）	多年生草本；具短而强壮的根状茎；秆直立，成密丛，高30~100cm；叶片质软，长约10（20）cm，宽7~12mm；穗状花序稠密，长9~12cm，宽约4mm，穗轴脆，易断落，小穗2~3枚生于穗轴的每节，长8~11mm，含2~3小花；花果期5~9月	抗寒、耐旱、耐盐碱	山地草原	刈牧兼用型；具有驯化栽培前途；用来修复干旱和半干旱区草场
朝鲜碱茅 （Puccinellia chinampoensis Ohwi）	多年生丛生禾草；根系发达；秆直立，高50~70cm；叶片线形，扁平或内卷，长3~9cm，宽2~3mm，上面微粗糙；圆锥花序开展，长10~15cm，每节有2~5分枝，小穗长圆形，灰紫色，长4.5~6mm，含5~7小花；花果期6~7月	耐盐碱、耐干旱；分蘖多	海拔500~2500（3500）m较湿润的盐碱地和湖边、滨海的盐渍土上	在盐渍化土壤建立人工草地的重要草种，可修复草地碱斑
星星草 （Puccinellia tenuiflora（Griseb.）Scribn.et Merr）	多年生疏丛型禾草；秆直立或倾斜上升，下部膝曲，浅绿色，高30~60（90）cm，直径约1mm；叶层高20~50cm，叶片通常内卷，宽1~3mm，长10~15（20）cm；圆锥花序尖塔形，疏展，长7~20cm，分枝微粗糙，小穗长（2）3~4mm，含3~4朵小花，颖果棕褐色；花果期6~8月	抗旱性强；耐低温；抗盐碱；对土壤要求不严，有广泛的可逆性，耐瘠薄；分蘖力强；喜湿润微碱性土壤	海拔500~4000m的草原盐化湿地、固定沙滩、沟旁渠岸草地上	可作为盐化放牧场的补播牧草，适宜在轻度盐碱化土壤上栽培
虎尾草 （Chloris virgata Sw.）	一年生丛生型小禾草；秆基部倾斜或膝曲，高5~30（45）cm，具3~5节；叶片扁平，长5~15cm，宽2~6mm；穗状花序长3~6cm，4~8簇生于茎顶，小穗含2朵小花，长3~4mm，着生于穗轴的一侧，颖果长1.8mm；花果期7~9月	根系发达；耐盐碱性很强	农田间隙荒地、路旁浅洼地、干河床、干湖盆	是改良碱化草原的先锋植物

注：根据德英等《中国草地主要禾本科饲用植物图鉴》（2020）整理。

2.免耕补播物种选择假说

基于植物–土壤反馈原理，对退化草原进行补播时，对拟补播物种分别利用人工短期驯化土壤和长期驯化斑块土壤进行植物生长试验，筛选研究后选择具有中性或正植物土壤反馈的物种，即退化草地土壤对补播种的生长没有抑制作用的物种。

3.种子处理

一般野生或新收获的牧草种子，野生性状比较浓厚，如种皮坚硬、有芒、具翅、休眠等，若种子不进行播前处理，则影响播种质量。目前，常见的几种处理方法为：

（1）机械处理。主要是去芒、脱颖（壳）、碾破种皮等。

（2）光照处理。用自然光或人工光（紫外线、红外线）照射种子，加速种子熟化和种子内容物生理代谢，打破种子的休眠。

（3）化学处理。用1%的稀硫酸或0.1%的硝酸钾溶液浸种。

（4）变温处理。在低温-10℃~-8℃，高温30℃~32℃下分别处理种子16~17h和7~8h。

（5）沙埋处理。将种子（例如沙拐枣、山杏等）用湿沙埋藏1~2个月催芽。

（6）种子丸衣化处理。用种子丸衣机将肥料等营养（接菌）剂黏着到种子表面，通常将种子外面先喷上一层黏着剂（阿拉伯胶、甲基纤维素等），再混以磷矿粉、石灰或牧草所需的养分（营养剂、接种剂等），制成丸粒状，提高种子出苗率。

（二）草地补播技术

1.补播前地面处理

进行地面处理，一方面可以减少或消除原有非理想植被的竞争，另一方面为补播的牧草创造必要的土壤与水分条件。地面处理的方法主要有松耙、划破、穴垦、条垦、带垦、全垦、重牧或畜群宿营、消除灌木与枯枝落叶、烧荒（炼山）等。

土壤黏重、原生植被盖度较大的地方，播前的地面处理常常是补播成功的关键。土块多、过于松散的新垦地最好镇压，地面的石块、枯枝树根及妨碍补播的其他杂物要尽可能清除。对于北方山区，如黄土高原地区的山坡地，还可按等高线挖水平沟或反坡台地，中间保留相当于开挖部分5倍左右的原坡面，既保留原生植被，又可作为集水区，保证沟、台地处补播植物有较多的水分，还可截留降水，防止土壤被冲刷，这是干旱与水土流失坡地地面治理的有效方法。在有灌溉条件的干旱地带，要先行灌溉，无法灌溉而冬天有雪的地方应设法积雪，以保证必要的土壤墒情。

2.补播时间

从草地植被生长和土壤水分状况出发，一般在春、秋季补播。春季正是积雪融化时，土壤水分状况良好，也是原有草地植物生长最弱时期，此时播种可减少原生植物的竞争。北方干旱草原地区，因春季干旱、风沙大，不宜春播，以初夏（6月）到入秋前补播最为适合，因为此时雨季将至，水分充足；南方春季杂草危害严重，夏季又常有高温伏旱，故以秋播为好，如1800m以上的高海拔地区在8月底至9月中旬，低海拔地区在9月下旬至10月上旬，距初霜期约60d。具体补播时期还要根据当地的气候、土壤和草地类型而定，也可采用早春"顶凌播种"、适时"抢墒播种"、初冬"寄籽播种"等方法，要因地制宜，合理应用。

3.播种量

播种量与牧草种类、用途、土壤、气候等多种因素有关。一般而言，种子由小到大，禾本科牧草（种子用价100%时）常用播量为15~22.5kg/hm²，豆科牧草7.5~15kg/hm²；平均每平方米（m²）的成苗数在10~50株（要保证这样多的株数，每平方米就得有100~500粒有发芽力的种子）。因此要根据牧草的千粒重和每平方米地上所需要的有发芽能力的种子数来计算播种量。其中千粒重是已知的或可实测，每平方米所需有发芽力的种子，据观测大致为200~500粒，据此，每公顷播种量可按下式计算：

$$X = \frac{H \times N \times M}{10^6 \times A} = \frac{H \times N}{10^2 \times A}$$

式中：X——播种量（kg/hm²）；

H——千粒重（g）；

N——每平方米需有发芽力的种子数（粒）；

A——种子用价，是其纯度与发芽率的乘积；

M——10000m（即1hm²）；

10^6——系数。

其中N，根据实测和大量播种量资料推算，一般牧草都在200~500粒/m²之间。水肥条件好，种子小的计算时可取下限，相反则取上限，中等水平可按350粒来计算。

草地补播由于种种原因，出苗率和成苗率都很低，实际播种量可视出苗率和成苗率加大播量的50%。

$$实际播种量（kg/hm^2）=\frac{田间合理密度（株/hm^2）×千粒重(g)}{保苗系数×净度（\%）×发芽率（\%）×100}$$

在退化草地修复补播时，常常采用多种牧草混播。混播播种量的计算公式为：

$$K=\frac{HT}{X}$$

式中：K——每一混播成员的播种量，单位为千克每公顷(kg/hm²)；

H——该种牧草种子利用价值为100%时的单播量，单位为千克每公顷(kg/hm²)；

T——该种牧草在混播中的比例，单位为百分率(%)；

X——该种牧草的实际利用价值(即该牧草种子净度×发芽率)，单位为百分率(%)。一般竞争力弱的牧草实际播种量根据草地利用年限的长短增加25%~50%。

常用牧草播种量可参考NY/T 1342-2007《人工草地建设技术规程》。

4.补播方法

一般多采用撒播和条播两种方法。可以采用飞机、地面机械或家畜携带播种；若面积不大，最简单的方法是人工撒播。

（1）人工撒播。小面积播种地可以徒手撒种，或最好用牧草手播机播种，这样比较均匀，速度也快。

（2）机具补播。用草原松土补播机、圆盘播种机或肥料撒播机，土地条件好，颗粒较大的种子也可用谷物播种机。

（3）畜力补播。有的地方利用羊群补播，即给放牧的羊只脖子上挂上铁皮罐头盒，内装种子，底部打孔，羊边吃草边撒种。羊群中有1/4左右的羊只戴罐头盒即可。骆驼、牛等家畜在放牧时都可用来完成这一工作。

（4）家畜宿营法。在甘肃、新疆、内蒙古等地的草原牧区，推广的一种依次搬圈、更换宿营地的畜群"搬圈施肥补播法"。近几年，在云南、贵州发展成为一种叫"家畜宿营法"修复天然草地的有效方法，就是将放牧家畜集中在一个地方过夜或高强度放牧，依靠家畜清除原有劣质植被，排泄的粪便又进行施肥，同时结合补播优良牧草，这是一种十分有效而又廉价的草地植被建植方法。在同一地方滞留宿营的时间因地而异，甘肃甘南高山草原一般8~12夜，新疆的干旱草原5~6夜，内蒙古的半荒漠草原2~3夜，在云贵高原一带，一般为每平方米6~8夜的宿营或放牧强度，这样就可清除原有植被，然后补播优良牧草。

（5）飞机补播。飞机播种是目前国内外普遍使用的补播方法。在大面积的沙漠地区，或土壤基质疏松的草地上，可采用飞机播种。飞机播种速度快、面积大、作业范围广，适合于地势开阔的沙化、退化严重的草地和黄土丘陵，利用飞机补播牧草是建立半人工草地的最好方法。飞播技术可参考NY/T 1239-2006飞播种草技术规范。

（6）补播后期管理。主要是保护幼苗的正常生长和恢复草地生产。覆盖一层枯草或秸秆，以改善补播地段的小气候；有条件的地区，结合补播进行施肥和灌水，是提高产量的有效措施，也有利于补播幼苗当年定居；另外，刚补播的草地幼苗嫩弱、根系浅，经不起牲畜践踏，因此应加强围封管理，当年必须禁牧，第二年以后可以进行秋季割草或冬季放牧。沙地草地补播后，禁放时间应最少在5年以上才能改变流沙地的面貌；补播草地还应注意防鼠、防病虫害，确保幼苗不受伤害。

（三）补播效果研究

姬万忠等（2016）在甘肃省天祝县高寒退化草地补播"垂穗披碱草＋无芒雀麦＋中华羊茅"治理修复退化草地的研究结果表明，补播有效增加了禾草类和莎草类植被，提高了退化草地地上和地下生物量。补播后第三年，土壤表层物理性状、养分以及微生物生物量与不补播相比，具有明显优势。土壤表层0~40cm，土壤容重降低、孔隙度变大、含水量提高\土壤养分和微生物生物量C、N含量升高、退化草地得到了有效治理。

时龙等（2019）在宁夏退化荒漠草原上的补播研究表明，补播可改善荒漠草原0~20cm浅层土壤机械团聚体的稳定性。

郭艳菊等（2019）在退化荒漠草原上补播的研究表明，补播有利于退化荒漠草原土壤有机碳的固存。

杨增增等（2020）在中度退化高寒草地上的补播研究表明，经人工补播后，退化草地的植被盖度、地上与地下生物量、禾本科牧草比例和根冠比都有显著上升，补播措施起到了很好的修复效果。从物种组成上看，退化草地经过补播之后，其植被群落组成和物种重要值都发生了变化，其中，禾本科牧草和莎草科牧草占据了重要地位。此外，物种丰富度指数、Shannon-Weiner指数、均匀度指数经人工补播后都有所上升。

刘国富等（2022）以东北黑土区退化草甸为研究对象进行补播，结果表明，补播牧草能提高土壤酶活性，表层土壤的生化反应进一步活跃，土壤碱解氮、速效磷和有机质含量显著增加。

刘玉玲等（2022）在以羊草、贝加尔针茅为主的温性草甸草原补播羊草、豆科牧草作为研究对象，结果表明，补播有助于提高禾本科优势牧草比例10%~15%，降低5%~10%其他科比例，提高草地品质。

王博等（2023）在宁夏荒漠草地上补播乡土草种蒙古冰草的研究表

明，补播可以显著改善土壤持水性，有利于植被的恢复。

（四）苜蓿补播效果及草种选择

由于苜蓿耐旱、耐寒、耐盐碱、耐瘠薄、丰产、肥田和适应性强的特点，常常被选作退化草原补播、草地重建、退牧还草的首选牧草及先锋植物。

补播苜蓿改良退化草原，可以减少一年生杂草和有毒有害植物数量，增加优质牧草产量，同时可改善牧草质量，明显提高牧草的蛋白质含量。中国农业科学院草原研究所（2000~2002）利用浅耕技术在赤峰退化草原进行苜蓿补播的研究表明，补播苜蓿后草原植被状况明显改善，植物覆盖度达到60%~85%，比改良前提高了90%~230%；苜蓿的高度为65~84cm，增长了51%~75%，产草量达到2938.39~3578.25kg/hm²，苜蓿占总产草量的80%以上，是天然草原的6.8~10.6倍。各地在选择苜蓿补播时可参考下表7-3。

表7-3　苜蓿主要品种适宜栽培区域简介

序号	品种名称	干草产量（kg/hm²）	种子产量（kg/hm²）	适应区域	品种特性
1	关中紫花苜蓿（Medicago sativa L.cv. Guanzhong）	40652~55045（鲜）	300~450	陕西省渭水流域、渭北旱塬及山西省南部气候类似地区，也是南方种植苜蓿时可选择的品种之一	返青早，生长速度快，属早熟品种。抗旱性、抗寒性中等
2	陕北紫花苜蓿（Medicago sativa L.cv. Shanbei）	3252~646785（鲜）	375	陕西省北部、甘肃省陇东、宁夏盐池、内蒙古准格尔旗等黄土高原北部、长城沿线风沙地区种植	晚熟，抗旱
3	晋南紫花苜蓿（Medicago sativa L.cv. Jinnan）	8300~8775	525~630	凡年平均温度在9℃~14℃，≥10℃活动积温2300℃~3400℃，绝对低温不低于-20℃，年降水量在300~550mm的地区均可种植。如晋南、晋东南低山丘陵和平川农田，以及中国西北地区的南部均宜种植	再生性好，早熟

（续表）

序号	品种名称	干草产量（kg/hm²）	种子产量（kg/hm²）	适应区域	品种特性
4	偏关苜蓿（Medicago sativa L.cv. Pianguan）	6800~10750	450~500	适宜黄土高原海拔1500~2400m、年最低气温-32℃左右的地区及晋北、晋西北地区种植	晚熟
5	陇东紫花苜蓿（Medicago sativa L.cv. Longdong）	12038	480~570	中国北方地区均可种植,最适种植区域为黄土高原	耐旱,再生性差
6	陇中紫花苜蓿（Medicago sativa L.cv. Longzhong）	8985~13050	540	最适应区域为黄土高原地区,长城沿线干旱风沙地区一带种植	抗旱
7	天水紫花苜蓿（Medicago sativa L.cv. Tianshui）	10860~14775	350~500	黄土高原地区,中国北方冬季不太严寒的地区均可种植	再生性好
8	河西紫花苜蓿（Medicago sativa L.cv. Hexi）	8560~13175		适宜西北各省荒漠、半荒漠、干旱地区有灌溉条件的地段,黄土高原地区种植	晚熟,再生性差
9	新疆大叶紫花苜蓿（Medicago sativa L.cv. XinjiangDaye）	9700~20000	225~300	适宜新疆南疆塔里木盆地、焉耆盆地各农区,甘肃省河西走廊,宁夏引黄灌区等地种植。在中国北方和南方一些地区试种良好	叶大,再生性好
10	北疆紫花苜蓿（Medicago sativa L.cv. Beijiang）	10500~12000		主要分布在北疆准格尔盆地及天山北麓林区、伊犁河谷等农牧区。中国北方各省、自治区也适宜种植	抗旱、耐寒,再生性差
11	敖汉紫花苜蓿（Medicago sativa L.cv. Aohan）	7437~10350		适宜年平均温度5℃~7℃,最高气温39℃,最低气温-35℃,>10℃活动积温2400℃~3600℃,年降水量260~460mm的东北各省和内蒙古自治区种植	抗旱、耐寒,适合旱作栽培
12	内蒙古准格尔紫花苜蓿（Medicago sativa L.cv. Neimenggu Zhungeer）	8250~10680		适宜内蒙古中西部地区以及相邻的陕北、宁夏部分地区种植	抗旱,适合旱作栽培

（续表）

序号	品种名称	干草产量（kg/hm²）	种子产量（kg/hm²）	适应区域	品种特性
13	肇东苜蓿（Medicago sativaL.cv. Zhaodong）	6100~10800		适宜中国北方寒冷湿润及半干旱地区种植。是黑龙江省豆科牧草中当家草种之一。在北方一些省、区引种普遍反映较好	抗寒
14	蔚县紫花苜蓿（Medicago sativaL.cv. Yuxian）	9360~13460	360~450	适宜河北省北部、西部，以及山西省北部和内蒙古自治区中、西部地区	耐旱
15	沧州紫花苜蓿（Medicago sativa L.cv. Cangzhou）	6030~13065	330~360	适宜河北省南部，以及山东、河南和山西省部分地区	较耐盐碱
16	保定紫花苜蓿（Medicago sativa L.cv. Baoding）	12345~13875		适宜北京、天津、河北、山东、山西、甘肃、宁夏、青海东部、内蒙古东南部、辽宁、吉林中南部等地区种植	再生性好
17	无棣紫花苜蓿（Medicago sativa L. cv. Wudi）	7605~7725	345~375	适宜山东省北部渤海湾一带及类似地区种植	耐旱
18	淮阴紫花苜蓿（Medicago sativa L.cv. Huaiyin	47940~60795（鲜）	300~450	适宜黄淮平原及其沿海地区，长江中下游地区种植，并有向南方其他省、自治区推广的前景。	耐热、早熟
19	公农1号紫花苜蓿（Medicago sativa L. cv. Gongnong No.1）	17625		适宜东北和华北各省、自治区种植。	再生性好、耐寒、病虫害少而轻、适应性广
20	公农2号紫花苜蓿（Medicago sativa L.cv. Gongnong No.2）	15518		适宜东北和华北各省、自治区种植	耐寒性强、病虫害少
21	公农3号紫花苜蓿（Medicago sativa L.cv. Gongnong No.3）	2920~3630		适宜东北、西北、华北北纬46°以南，年降水量350~550mm地区种植。为根蘖型，根蘖率30%~50%，宜与禾本科牧草混播放牧利用	抗寒、较耐旱、耐牧、返青早、生长旺盛

（续表）

序号	品种名称	干草产量（kg/hm²）	种子产量（kg/hm²）	适应区域	品种特性
22	公农5号紫花苜蓿（Medicago sativa L.cv. Gongnong No.5）	5370~13690	268~485	适于中国北方温带地区种植	抗旱性、抗寒性强
23	龙牧801紫花苜（Melilotoides ruthenicus L. Sojak. xMedicago ativa L.cv. Longmu No.801）	8000~12390		适宜小兴安岭寒冷湿润区和松嫩平原温和半干旱区种植	抗寒、耐碱性较强、再生性好、抗蓟马
24	龙牧803紫花苜蓿(Medicago sativa L.×Melilotoide sruthenicus L. Sojak.cv. Longmu No.803）	7620~15285		适宜小兴安岭寒冷湿润区、松嫩平原温和半干旱区、牡丹江半温凉湿润区种植	抗寒、再生性好、抗蓟马、耐盐碱
25	龙牧806紫花苜蓿(Medicago sativa L.x Meliloides ruthenica L. Sojak. cv. Longmu No.806）	9136~9160	430	东北寒冷气候区、西部半干旱区及盐碱土区均可种植。亦可在中国西北、华北以及内蒙古等地种植	抗寒、耐盐碱性能强
26	龙牧808紫花苜蓿(Medicago sativa L. cv. Longmu No.808）	10463~12994	261~322	适于在东北、西北、内蒙古等地区种植	适应性广、生长速度快、再生能力强、抗寒、耐碱性强、抗旱性强
27	阿勒泰杂花苜蓿（Medicago varia Martin.cv. Aletai）	4766~13540	250~300	年降水量250~300mm的草原带旱作栽培，在灌溉条件下，也适应于干旱半干旱的平原农区种植	耐旱
28	草原1号杂花苜蓿（Medicago varia Martin.cv. Caoyuan No.1）	6720	150~300	适宜内蒙古东部、东北和华北各省种植。由于耐热性差、越夏率低，不宜在北纬40°以南的平原地区种植。	秋眠级1,抗寒性强、较抗旱

（续表）

序号	品种名称	干草产量（kg/hm²）	种子产量（kg/hm²）	适应区域	品种特性
29	草原2号杂花苜蓿（Medicago varia Martin.cv. Caoyuan No.2）	6200	150~300	适宜内蒙古东部、东北和华北各省种植。由于耐热性差，越夏率低，不宜在北纬40°以南的平原的地区种植	抗寒性强、抗旱性强、抗风沙
30	草原3号杂花苜蓿（Medicago varia Martin.cv. Caoyuan No.3）	12330~10680	510~540	适宜中国北方干旱、半干旱地区种植	抗旱、抗寒性强
31	中苜1号苜蓿（Medicago sativa L.cv. Zhongmu No.1）	5820~7120		适宜中国黄淮海平原即渤海湾一带的盐碱地种植，也可在其他类似的内陆盐碱地种植	耐盐性好、耐寒、耐旱、耐瘠薄
32	中苜2号紫花苜蓿（Medicago sativa L. cv. Zhongmu No.2）	14475~15940	360	适宜黄淮海平原非盐碱地种植，也可以在华北平原类似地区种植	较耐质地湿重、地下水位较高的土壤、再生性能好、耐寒、抗病虫较好，耐瘠薄性好
33	中苜3号紫花苜蓿（Medicago sativa L.cv. Zhongmu No.3）	15000	330	黄淮海地区轻度、中度盐碱地	返青早，再生速度快，较早熟，耐盐性好
34	中苜6号紫花苜蓿（Medicago sativa L.cv. Zhongmu No.6	17000		适宜在中国华北中部及北方类似条件地区种植	属中熟品种，耐寒性、耐热性良好，再生性强
35	中兰1号苜蓿（Medicago sativa L. cv. Zhonglan No.1）	11765~16494	360~450	适宜年平均气温6℃~7℃，年降水量300~400mm，海拔900~2300m的黄土高原半干旱地区种植	高抗霜霉病、中抗褐斑病和锈病、轻感白粉病、再生能力强、生长迅速
36	甘农1号杂花苜蓿（Medicago varia Martin.cv. Gannong No.1）	6930~11870	200~250	本品种为耐寒性很强的丰产品种，在黄土高原北部、西部地区，青藏高原边缘海拔2700m左右、年平均气温2℃以上地区可种植	抗旱性和抗寒性强、适应范围广、再生能力稍差

（续表）

序号	品种名称	干草产量 （kg/hm²）	种子产量 （kg/hm²）	适应区域	品种特性
37	甘农2号杂花苜蓿（Medicago varia Martin.cv. Gannong No.2）	9000	260~435	本品种为根蘖型苜蓿，适宜在黄土高原地区、西北荒漠沙质土壤地区和青藏高原北部边缘地区种植作为混播放牧，刈牧兼用品种。因其根系强大、扩展性强，更适于用作水土保持、防风固沙和护坡固土	根蘖型、扩展性强
38	甘农3号紫花苜蓿（Medicago sativa L. cv. Gannong No.3）	13050~14067	300~450	适宜西北内陆灌溉农业和黄土高原地区种植	返青早、生长快
39	甘农4号紫花苜蓿（Medicago sativa L. cv. Gannong No.4）	13410~13735	675	适宜西北内陆灌溉农业和黄土高原地区种植	生长速度快、抗旱性和抗寒性中等，适应性强
40	甘农5号紫花苜蓿（Medicago sativa L.cv. Gannong No.5）	16000~27000	450	适宜中国北纬33°~36°的西北地区种植	返青早、高抗蚜虫，兼抗蓟马
41	甘农6号紫花苜蓿（Medicago sativa L.cv. Gannong No.6）	8000~16000	650~700	适应于中国西北内陆绿洲灌区和黄土高原地区种植	属中熟品种，抗旱性、抗寒性中等
42	新牧1号杂花苜蓿（Medicago varia Martin.cv. Xinmu No.1）	6671~12516	450	新疆北部准格尔盆地，伊犁、哈密地区，以及新疆大叶苜蓿，北疆苜蓿适宜种植的地区种植	秋眠级3，再生速度快、抗寒性强、抗旱性、抗病性较好
43	新牧2号紫花苜蓿（Medicago sativa L.cv. Xinmu No.2）	939~29430	400	新疆农区和半农半牧区，以及新疆大叶苜蓿、北疆苜蓿适宜种植的省、自治区均可种植	早熟、高产、再生快、耐寒、耐盐、抗旱、感霜霉病轻
44	新牧3号杂花苜蓿（Medicago varia Martin.cv. Xinmu No.3）	14240~14580	400~450	冬季严寒地区的优良品种，凡种植新疆大叶苜蓿及北疆苜蓿适合的地区均可种植	再生速度快、抗寒性强，耐盐性、抗旱性及抗病性强

（续表）

序号	品种名称	干草产量（kg/hm²）	种子产量（kg/hm²）	适应区域	品种特性
45	新牧4号紫花苜蓿（Medicago sativa L.cv. Xinmu No.4）	16000~20000		适宜在有灌溉条件的南北疆及甘肃河西走廊、宁夏引黄灌区等地种植	秋眠级3~4，抗病性强，抗霜霉病、褐斑病能力强，抗倒伏和抗寒性强。返青早、生长速度快
46	图牧1号杂花苜蓿（Medicago varia Martin.cv. Tumu No.1）	10500~12250	150~300	适宜中国北方半干旱气候区种植	抗旱、耐瘠薄、耐寒、抗霜霉病
47	图牧2号紫花苜蓿（Medicago sativa L.cv. Tumu No.2）	11258~12910		适宜内蒙古中东部、吉林省和黑龙江省种植	适应性强、抗寒、抗旱性强
48	赤草1号杂花苜蓿（Medicago varia Martin.cv. ChicaoNo.1）	5000~8000	300~400	中国北方年降水量300~500mm的干旱和半干旱地区	抗旱性、抗寒性较强
49	渝苜1号紫花苜蓿（Medicago sativa L.cv. Yumu No.1）	15000		中国西南等地区作为饲草种植，其种子生产则需要在西北地区种植	再生能力强，耐湿热、抗病，耐微酸性
50	润布勒杂花苜蓿（Medicago varia Martin.cv. Rambler）	4900~10028		适宜黑龙江省、吉林省东北部、内蒙古自治区东部、山西省雁北地区、甘肃省、青海省等高寒地区种植	抗寒、耐旱、耐牧
51	阿尔冈金杂花苜蓿（Medicago varia Martin.cv. Algonquin）	16980~17160		适宜中国西北、华北、东北南部及中原地区种植	耐旱
52	阿勒泰杂花苜蓿（Medicago varia Martin.cv. Aletai）	5290~13540	250~300	年降水量250~300mm、生长期100d以上、冬季寒冷的地区旱作栽培，也适宜平原农区种植	耐旱

（续表）

序号	品种名称	干草产量（kg/hm²）	种子产量（kg/hm²）	适应区域	品种特性
53	清水紫花苜蓿（Medicago sativa L.cv. Qingshui）	7500		适宜中国甘肃省海拔1100~2600m的半湿润、半干旱区，可作为刈割草地或水土保持利用	
54	德钦紫花苜蓿（Medicago sativa L.cv. Deqin）	10053	700	适宜于云南省迪庆州海拔2000~3000m及类似地区种植	
55	中草3号紫花苜蓿（Medicago sativa L.cv. Zhongcao No.3）	16176	296.5	适宜在中国北方干旱寒冷地区，尤其适宜内蒙古及周边地区种植	抗旱性较强、耐寒、持久性较好、再生速度较快、再生性较好
56	东苜1号紫花苜蓿（Medicago sativa L.cv. DongmuNo.1）	8000~10000		适宜中国东北干旱寒冷地区种植	再生性好、抗旱性、抗寒性强
57	三得利紫花苜蓿（Medicago sativa L.cv. Sanditi）	12493~17393		适宜中国华北大部分地区及西北、长江中下游区部分地区种植	高产
58	金皇后紫花苜蓿（Medicago sativa L.cv. Golden Empress）	19180~20575		适宜山西、宁夏、内蒙古、青海、陕西、甘肃、新疆等地种植	具多叶、再生性好
59	维克多紫花苜蓿（Medicago sativa L.cv. Vector）	12750~14565		适宜中国华北、长江中下游地区种植	抗旱
60	德宝紫花苜蓿（Medicago sativa L.cv. Derby）	13873~16974		适宜中国华北大部分地区、西北地区东部和新疆部分地区种植	高产
61	游客紫花苜蓿（Medicago sativa L.cv. Eureka）	15000~22500		适宜长江中下游丘陵地区	耐热

（续表）

序号	品种名称	干草产量（kg/hm²）	种子产量（kg/hm²）	适应区域	品种特性
62	驯鹿紫花苜蓿（Medicago sativa L.cv. ACCaribou）	13000~15500		适宜华北、西北和东北较寒冷地区种植	抗寒
63	赛特紫花苜蓿（Medicago sativa L.cv. Sitel）	13608~19026		适宜中国华北大部分地区、西北地区东部和新疆部分地区种植	高产
64	维多利亚紫花苜蓿（Medicago sativa L.cv. Victoria）	20985~21780		适宜华北、长江中下游、华东及西南部分地区种植	耐热
65	皇冠紫花苜蓿（Medicago sativa L.cv. Phabulous）	19445~19700		适宜华北、西北、东北地区南部，长江中下游及华东长江以北地区种植	具多叶、再生性好
66	牧歌401+Z紫花苜蓿（Medicago sativa L.cv. AmeriGraze401+Z）	19710~20655		适宜华北大部分地区、西北、东北、华北中部地区种植	再生性好
67	WL232HQ紫花苜蓿（Medicago sativa L.cv. WL232HQ）	15000~17000		中国北方干旱、半干旱地区	抗寒
68	WL323HQ紫花苜蓿（Medicago sativa L. cv. WL323HQ）	15980~17343		适宜中国北方干旱、半干旱地区种植	抗寒
69	WL525HQ紫花苜蓿（Medicago sativa L.cv. WL525HQ）	22131~28359		适宜中国云南温带和亚热带地区种植	
70	威斯顿紫花苜蓿（Medicago sativa L.cv. Weston）	18000~22000		适宜范围为海拔1500~3400m，年均温5~16℃，夏季最高温不超过30℃，年降水量≥560mm的温带至中亚热带地区。尤其适宜在中国西南和南方山区种植	

注：据洪绂曾等《苜蓿科学》、徐丽君等《内蒙古苜蓿研究》和刘连贵《苜蓿青贮高效生产利用技术》有关内容整理。

六、施肥

草地营养缺乏，也是草地退化的主要原因之一。不同的草地具有不同的营养状况，与土壤基质件、气候条件、牧草种类、利用方式等多种因素有关。草地施肥是调节土壤养分、提高牧草质量及产量、改变草地群落组成的一项重要草地修复措施。但天然草地施肥对草地生物多样性有着重大影响，值得商榷。

（一）割草地施肥

割草地施肥主要在春季植物萌发后或分蘖拔节时或在夏秋割草后进行，以化肥追肥为主。春季施肥用量：N：$45\sim60$ kg/hm²；K_2O：$30\sim45$ kg/hm²；P_2O_5：$30\sim40$ kg/hm²。这3种肥料可同时施入，也可单独施用。目前在生产中应用日益广泛的复合肥和缓释肥会使施肥效果大大提高。

刈割后追肥的目的，在于使牧草恢复绿色叶片，增加秋季分蘖，促进地下器官积累较多的可塑性营养物质，以利越冬。割草后追肥以磷、钾肥为主，用量约为：P_2O_5：$25\sim30$ kg/hm²，K_2O：$30\sim45$ kg/hm²，但不宜施氮肥，以免造成再生草枝叶徒长，过多消耗贮藏营养物质，不利于越冬。秋季如施厩肥可使牧草免受冻害，保持翌年春季土壤中有足够水分。如果把磷肥拌入厩肥施入，对发挥磷的作用效果更好。厩肥必须腐熟使用，防止病虫害和杂草种子带入割草地。

（二）放牧地施肥

以禾草为主的放牧地施肥，或禾草-杂类草的放牧地施肥，应在每次放牧之后进行；如果每年施用一次，宜在春夏两季来临之际进行。春季放牧后施氮肥$30\sim45$：kg/hm²，P_2O_5：$30\sim45$ kg/hm²，K_2O：$30\sim45$ kg/hm²；在第二次、第三次放牧后各施氮肥$30\sim45$ kg/hm²。

（三）施肥效果研究

薛永伟（2011）通过研究施肥对藏北退化草地植被特征和土壤的影响表明，氮肥加磷肥的处理方法不但可以显著提高退化草地植被的平均高度，而且明显提高禾草类的相对盖度，并降低杂草类相对盖度，明显降低杂草类的产量及相对生物量，增加豆科类、莎草类牧草的产量及相对生物量。郭永盛（2011）通过研究新疆荒漠草原生物多样性对施氮肥的响应结果表明，施氮肥可以增加荒漠草原植物干物质生物量，适量施氮肥可以增加土壤微生物种群多样性、功能多样性和增加硝化细菌的生物群落多样性。塔娜（2016）在羊草和大针茅为优势种的典型草原区的施肥研究表明，混合肥料可适当提高草原的生产力。彭凯悦等（2020）以滇西北亚高山草甸为研究对象，结果表明，施肥改变了亚高山草甸的植物种类及优势种，提高了植物地上生物量，尤其是提高了豆科植物的地上生物量。

七、灌溉

草地灌溉方法有：漫灌、沟灌、喷灌等。郭克贞等（2000）在内蒙古草原进行的灌溉试验表明，草甸草原同等栽培条件下，灌比不灌增产0.3~1.5倍，灌溉人工牧草产量较天然草场增产3.9~10倍；典型草原灌比不灌增产0.4~1.4倍，灌溉人工牧草较天然草场增产4.4~10倍；荒漠草原灌比不灌增产2.3~6.2倍。

八、清除有毒有害或不良牧草

（一）毒害草危害

在天然草地上，毒害草不仅占据着草地面积，消耗土壤中的水分和养分，排挤优良牧草的生长，使草地生产能力和品质下降，而且当其数量达到一定程度时，对家畜的消化系统、神经系统和呼吸系统造成代谢紊乱和失调，严重时导致家畜死亡，给畜牧业生产带来损失。

据资料统计，分布在山地草地上的有毒植物就达150种以上；在水分条件较好的草甸及森林草原地带有毒植物有160多种；在较干旱的典型草原地带约有90余种；在荒漠草原和荒漠地带有毒种类有40多种。清除有毒有害或不良牧草就是通过物理、生物和化学手段，直接减少或抑制植被的这些不良成分，提高牧草的竞争优势，或清除某些有害植物种，降低对家畜的危害，并间接地提高草地的载畜量。清除或控制这些非理想植物是草地管理和利用中的一项重要任务。

（二）清除方法

目前，防除草地中有毒有害植物较为适用且有效的方法有：

1.放牧或刈割控制。采用合理利用方式、轮休制度、划区轮牧制度及围栏封育、草地刈割等措施，为草地优良牧草创造良好的生长发育条件，抑制毒害草的生长。根据甘肃省草原生态研究所在贵州威宁和云南曲靖的试验，对蒿类等杂草，进行多次刈割，能有效控制其蔓延。合理放牧，特别是强度放牧对草地植被有着重要控制作用。如用山羊，让其反复采摘灌木枝条，是一种十分有效的控制灌木生长的办法。而家畜宿营法是控制或清除非理想植物的有效方法。

2.生物控制。是利用毒害草的"天敌"生物来除毒害草，而对其他生物无害。如利用昆虫、病原生物、寄生植物等来控制毒害草。

3.化学除草。据试验，用0.7%浓度的2,4-D丁酯清除白三叶草地上的蒿类，效果良好。

4.机械除草。用人工和机具将毒害草铲除的方法。这种方法需费大量劳动力，所以只适用于小面积草地。采用这种方法时必须要做到连根铲除，以免再生，必须在毒害草结实前进行，以免种子散落传播。铲除毒害草同时可以与补播优良牧草相结合，效果更好。

5.火烧和翻晒。有目的地烧荒是消灭毒害草、过多枯草残茬的有效方法之一，是一种经济方便的方法，是草地综合修复培育的措施之一。烧荒可以改善它们的植被结构，提高草地利用率。烧荒应在晚秋或春季融雪后进行，因为此时对青草生长影响较小。烧荒前必须做好防火准备，应在无风天烧荒，避免风将火种远扬他处，引起别处草原火灾。烧荒后，一定要彻底熄灭余火，以免引起草原火灾。例如，蕨是西南草地上分布极广，且对牧草和家畜都有害的一种植物，各地对其清除做过许多研究，目前较为经济有效的方法是：枯草期将地上部焚烧，然后将土地翻垦、暴晒，并让根部迅速脱水死亡。在这样处理的地上再种旱生快发牧草，提高竞争力，就能有效地控制蕨的生长。

九、微生态修复

微生物菌剂应选用对草原生态系统无破坏、无毒无害、可改善土壤养分循环、促进原生优质牧草生长的产品，菌剂使用可以采用喷施、浇灌或补播时拌种等方式，使用量依照选用产品的说明，一般应注意使用方式和使用时的气象环境，以保持微生物的活性，避免挂叶，以及暴晒。

十、休牧

对退化草地，在春季植物返青期或夏末秋初，通过设置围栏或其他方式管理家畜进入草地。以当地植物物候期确定开始和结束休牧的时间，休牧期一般不少于45 d。

草原返青期是草原生态系统对气候变化响应的敏感指示器，草原返青期除受区域水热条件、极端气候及气象变化等自然因素外，季节放牧、草畜平衡、禁牧等管理措施、利用方式也会导致返青期的变化。

马玉寿等（2017）以退化高寒草甸为对象，研究返青期休牧对植被的影响，结果表明返青期休牧时，草地的牧草高度、群落盖度和地上总生物量相对于放牧草地分别提高了165%、4%和77%，毒草生长明显受到抑制，且生物量下降了50%，高原鼠兔有效洞口数下降了72%；高寒草地实施返青期休牧可快速恢复退化草地植被。

周选博等（2022）以返青期高寒草甸为对象，研究休牧措施下主要植物种群的生态位变化特征。结果表明，与传统放牧相比，莎草科和禾本科植物的重要值平均较对照分别增加了39.46%和43.71%，而它们的地上生物量平均较对照分别增加了263.60%和225.37%；阔叶型可食草的重要值平均较对照降低了 49.83%；草地早熟禾、西藏棱子芹（*Pleurosper-mum hookeri*）、高山嵩草（*Kobresia pygmaea*）和针茅（*Stipa capillata*）这4种植物的生态位宽度均>0.990，而青海刺参（*Morina kokonorica*）生态位宽度较小（0.001）；在牧草生长旺季时生态位重叠值>0.500占总数的90.02%，生态位重叠值<0.200占总数的1.07%；返青期休牧措施影响了高寒草甸不同经济类群的重要值和地上生物量，有利于莎草科和禾本科植物的生长发育。从生态位角度分析，休牧有利于优良牧草的生长，促进退化高寒草甸草地植被恢复。

许庆杰等（2023）通过研究春季休牧对锡林郭勒盟草原牧草生产力的影响，结果表明，实施春季休牧的草原植被盖度、产草量呈波动上升趋势，未实施春季休牧的草原植被盖度、产草量呈波动下降趋势。实施春季休牧对草原植被状况有一定的改善作用，春季休牧对植被的保护、恢复具有重要意义。

郑文贤等（2024）通过研究春季休牧对祁连山区中度退化高寒草甸植被特征、土壤理化性质和土壤真菌群落特征的影响，结果表明，春季休牧后高寒草地植物群落多样性指数、均匀度指数和丰富度指数显著升高；植被生物量显著增加，增幅达52.41%；土壤有机碳和全钾含量明显增加，而土壤容重和pH显著降低；土壤中子囊菌门的相对丰度增加，土壤真菌网络复杂性更高，土壤真菌群落更稳定。

十一、轮牧

对于轻、中度退化草地，根据天然草产量确定载畜量、规划放牧时间、轮牧周期、草场利用方式等，将放牧草地划为若干分区进行轮替放牧，亦可分季节轮流放牧。

宿婷婷（2020）以宁夏盐池县荒漠草原为对象，研究季节性轮牧对荒漠草原植物功能性状和多样性的影响，结果表明，放牧草地赖草的重要值增加，而草木樨状黄芪和银灰旋花的重要值降低。放牧频率越高的样地，一年生草本猪毛蒿的重要值显著增加。最终研究认为，荒漠草地可以考虑延迟开始放牧或提前停止放牧。

刘进娣等（2021）以宁夏荒漠草原为对象，研究轮牧时间对土壤种子库特性的影响，结果表明，与传统全年自由放牧相比，季节性轮牧能使荒漠草原土壤种子库多年生植物种类、密度以及种子库物种丰富度、多样性和均匀度增加。

程燕明等（2022）以宁夏荒漠草原为对象，研究了封育、自由放牧和暖季轮牧下 0~40 cm 的土壤有机碳和全氮储量、碳氮固持特征，并得出经过 5 年放牧，土壤碳氮含量暖季轮牧最高，自由放牧最低；随土层的加深，有机碳含量在暖季轮牧处理中增加，封育和自由放牧变化不显著；以封育为对照，碳氮固持量和固持速率呈暖季轮牧>封育>自由放牧；从土壤碳氮储量及固持考虑，暖季轮牧的草地利用方式更有利于研究区荒漠草原碳汇能力的提升和草地持续发展。

十二、禁牧

对过度放牧利用的退化草地或打草场等特殊利用的草地，以年为单位，采取政策性、政令性及制度性等措施，实行 1 年以上禁止放牧利用。以草地初级生产力、植被盖度、当地草原理论载畜量作为解除禁牧主要参考指标。禁牧区域可设置围栏保护。

许晴等（2008，2011，2012）通过研究禁牧对典型草原生态系统的影响，结果显示，禁牧可以显著提高典型草原生态系统物质生产、碳吸收、氧气释放及物质循环功能的价值量；物质生产功能价值量随禁牧时间的增加而增加，以禁牧 17 年典型草原为最高；碳吸收、氧气释放及物质循环功能的价值量则以禁牧 2 年的典型草原为最高。禁牧可以显著提高典型草原的生态系统服务功能，但长期禁牧不利于典型草原生态系统服务功能的提高和维持；禁牧对典型草原的净初级生产力及生物量有明显影响，采取禁牧措施有利于典型草原生产能力的恢复；禁牧并未使典型草原的主要物种组成发生明显的改变，但使物种的相对重要性发生了变化，优势种的优势更加明显。禁牧在一定的时间内可以提高典型草原的物种多样性，但随着禁牧时间的延长，典型草原的物种多样性和丰富度都表现出一种先上升后下降的趋势；在相同的禁牧或放牧条件下，水分条件较好的典型草原具有更高的物种多样性。

张伟娜（2013，2015）通过研究藏北高寒草甸草原禁牧休牧实施效果，结果表明，禁牧措施对藏北高寒草甸地上植被的恢复具有明显的作用，并且中长期的禁牧（禁牧5~7年）使植被生物量的恢复达到最优状态，禁牧时间过长（禁牧超过7年）并不利于地上植被继续恢复。但是地下生物量与土壤的恢复较地上植被的恢复缓慢，在调查的禁牧年限中，禁牧时间越长，围栏内外地下生物量与土壤的特征差值越大；禁牧样地的群落丰富度指数、多样性指数均显著高于休牧和自由放牧样地，而禁牧3a和5a显著高于禁牧7a；禁牧3a的均匀度指数显著低于禁牧5a和7a，其禾草和莎草的重要值则高于其他样地；禁牧5a样地地上生物量最高，并且其地下生物量与地上生物量的比值最小。在藏北地区，禁牧5a不仅可维持较高的高寒草甸物种多样性，而且还能够明显提高高寒草甸可利用生物量，但是禁牧5a以上将不利于维持较高的物种多样性和草地可利用生物量。

纪磊等（2013）对四川阿坝县退牧还草工程禁牧区草地植物群落结构进行了定点研究，结果表明退牧还草工程禁牧区草地群落的物种丰富度随禁牧年限的增加呈现上升趋势；群落的shannon-wiener多样性指数和Pielou均匀度指数均随禁牧年限的增加呈增加-下降-增加趋势；禁牧期间莎草科植物鲜重占植物群落总鲜重的比重随禁牧年限的增加而增加；禁牧对草地群落结构优化效果明显，有利于退化草地的正向演替。

白文丽等（2022）对祁连山东端北麓天然草原禁牧与轮牧效益做的调查分析表明，高寒草甸草原和温性草原禁牧可有效提高生物产量，但超过一定期限并无正相关。禁牧比轮牧草原生物量和产值均有所提高，常年放牧草原生物量和产值降低。

十三、特殊草地的修复

（一）沙化草地的修复

1.沙化草地的特征

一是土壤基质的稳定性差，植被一旦遭到破坏，很容易产生次生沙漠化，特别是人类不合理的经济活动，如过牧、垦殖、过度利用沙地植物等，会加速次生沙漠化的形成和发展；二是土壤肥力差、营养贫瘠，适于生长耐贫瘠的植物；三是沙地热量丰富、昼夜温差大、热力效应显著，同时，与同一地带的其他土壤相比，沙土基质透水性好、保水性强、水质优越、地下径流循环条件好，土体中可给态水分较多，为沙生植物生长提供了得天独厚的条件；四是沙地草地植物往往具有抗风沙、耐干旱、适应强烈温差变异的特征。

2.沙化草地修复技术

中国沙地草地分布范围广、条件复杂、成因多样、利用管理水平不一，在修复中必须掌握因地制宜、分类指导、因需而育的原则，采取多种有针对性的措施，在保护的前提下治理，在利用的基础上修复，实现可持续发展。

（1）工程技术

应用工程技术的目的主要是先固沙、后治理、再培育。具体措施是利用柴草、黏土、树枝、卵石及其他材料，在流动沙丘上设置沙障或在沙丘表面覆盖，阻止沙丘流动。在沙化十分严重的草原地区，草地植被变得稀疏，盖度下降，植被着生的土壤逐渐向沙质演化。沙丘固化，首先必须将土壤与流沙固定，然后再考虑草地植被的逐步恢复。沙障的作用是改变沙地下垫面的性质，降低风速，防止风蚀和阻沙。在沙地草地修复过程中，多采用方格式的草沙障，具有施工简便、收效快、便于后期采用生物措施等特点，在自然条件比较差的地方也能适用。

①草方格沙障固沙种草。在流沙固定中，草方格沙障主要是增大地表粗糙度，削弱近地面层风速，引起流场结构和草方格沙障内气流场地和地表形态变化来实现固定流沙并阻滞沙丘前移。草方格沙障在中国各主要沙地的沙化控制中都普遍应用，在科尔沁沙地、浑善达克沙地、毛乌素沙地等草地治理中发挥了巨大作用。在草方格内，雨季种植岩黄芪属、锦鸡儿属、蒿属等灌木、半灌木及其他沙生植物，比在裸沙上直接种植效果好得多。在宁夏、甘肃、新疆等地的沙漠边缘、路边等风沙危害严重区，草方格沙障在控制沙区风速方面的效果也是明显的。

草方格沙障材料主要是便宜易得的麦秸、稻秆、芦苇、柳条及其他灌木条等。按1.0m×1.0m或2.0m×2.0m设计方格，沿方格线开20cm左右深度的窄沟，把沙障材料垂直埋入沟中，外露20~50 cm。外露的沙障高度要根据沙丘性质、坡度、风速等确定。设置草方格沙障时，应注意草方格效益与地表坡度的关系、多行沙障和前沿阻沙带的关系及临界沙障宽度等问题。

②化学固沙。各种化学技术也能够有效地应用于沙地草地的治理。多数的化学技术主要是针对草地土壤使用化学药剂。常使用的化学药剂称之为化学固定剂。固沙的方法是在沙地表面喷洒一层固定剂作为胶结物，增加沙粒之间的胶结力来防止风蚀。目前常使用的固定剂为沥青乳剂和高分子化合物含聚丙烯酰胺的液体。用水稀释的沥青乳剂喷洒的沙地，沥青微粒停滞在沙表面或随水下渗而黏结沙粒，形成一层预防风蚀的多孔的固结沙层。若将化学固沙与植物固沙相结合，效果更显著。

（2）生物技术措施

生物技术重点针对不同退化程度的沙地草地以及各个地区不同类型的退化草地。生物技术就是利用生物生态学原理（或理论），依靠草地植被自身的恢复潜力，在提高沙地草地稳定性的前提下，再施以种草、植树、施肥、灌溉等措施，增加植被数量，使草地土壤与植被共同向着正常稳定状态发展的技术措施。在实践中，生物技术的应用常与其他技术相结合，形成多种技术的复合措施，会收到更好的效果，缩短草地的恢复时间。

①沙地草地的封育修复。封育是沙地草地修复培育中最常使用的技术措施。沙地草地封育改良的原理，就是去除造成沙地不稳定的外部干扰，充分利用自然植被内部的恢复力的稳定性和生态系统的自身组织能力，恢复草地的群落结构和功能。因为自然植被都具有这种特殊的能力，能够从草地之外源源不断地获得物质和能量的输入，如太阳辐射能、自然降水、氮素固定、植物种子等，经过群落自身的整合，实现自然更替，在此过程中恢复生产能力。如果是由于放牧造成退化的沙地草地，封育禁牧10年后，多数植被特征指标出现优化。

沙地草地的封育方法十分简单，只要求对封育的草地进行围栏。一般自然条件较好的沙地草地，如果多年生植物种还有较多分布，只是数量减少、生活力下降，经过一定时期封育完全可以恢复；如果草地破坏很严重，出现大量流动沙丘或风蚀穴，封育后可进一步采用其他工程措施，或植树种草，也完全可以恢复。在有条件的地方，封育后选择生产潜力大的区域进行施肥、灌溉，重点培育，可以较快获得收益，解决大面积封育后家畜食草问题。

②人工种草快速培育技术。人工种草是恢复和培育沙化草地植被的主要生物技术手段。主要是选择性地种植一些适应性强的牧草和灌木，直接快速恢复沙地草地植被，提高草地生产力。人工种草常以补播的形式进行。当补播面积较大且植被盖度不足30%时，可采用飞播的形式进行。

沙地草地土壤肥力一般都比较差，在沙地草地建植栽培草地，必须首先采取土壤改良措施，改善土壤结构，提高保水力，为牧草生长创造良好条件，然后再种草。土壤改良的主要目的是增加土壤有机质，提高养分含量。生产上不论是直接施用有机肥还是种一年生豆科牧草压绿肥或通过根茬改良，都有明显的改土效果。由于沙地土壤保肥力差、透水性好，不提倡施用矿物质肥料，避免造成肥料流失和污染地下水源。

（二）盐碱草地的修复

1.盐碱草地的特点

盐碱土根据所含成分，可分为盐土和碱土。盐碱草地的生产力一般都不高，在重盐碱地上大多生长着品质低劣的碱蓬、盐爪爪等耐盐植物，对农牧业生产的发展极为不利。盐碱地的修复一方面是排除盐分的积累，一方面是防止盐分的进一步积累，然后种植牧草，形成高产草地。

2.盐碱草地的修复

（1）水利措施

通过建设水利工程设施来淋洗土壤盐分。主要有引水压盐和排水洗盐，盐分降低后种植牧草。

（2）农业生物措施

主要有合理耕作、增施有机肥料和种植绿肥。

（3）物理措施

常用技术有"沙盖碱"。此法受"沙源"限制且成本高，可视沙源和挖沙对环境的破坏等权衡使用。

（4）化学技术措施

化学技术就是用化学药剂改良盐碱土。化学药剂也叫化学改良剂。其目的是实现土壤酸碱中和，改善植物根系的生长环境。化学改良剂的种类较多，大体上包括含钙类物质与酸性物质。含钙类物质一般有石膏、过磷酸钙、磷石膏等，酸性物质有腐殖醇类肥料(草炭、煤渣)、硫磺、黑矾等。

在施用石膏之前，要对土壤进行多点化验并化验石膏的有效成分，根据耕层深度计算出化学交换的离子总量，从而确定石膏用量。石膏的使用量一般为 $15\sim25$ t/hm^2。施用石膏时，先把石膏均匀撒于土表，然后翻耕或旋耕土壤，在土温较高时均匀灌溉，以充分进行化学反应。有条件的地方最好采用喷灌。如果在初夏施入石膏，灌水后半个月即可种植牧草，在以后的2~3年表现出最好效果。一般施用石膏一次，可维持8年以上。由于碱地土壤肥力很低，在施石膏时同时施入有机粪肥，改良效果会更好。

（三）矿业废弃地的植被恢复

矿业废弃地的修复措施主要有地形改造重塑、土壤改良和植被建植恢复等。

1.地形改造重塑技术措施

在对治理区域充分调查规划的基础上，依据治理的类型，对地形进行改造重塑。这包括对开采坑、塌陷区进行充填、排土场堆土整形改造、矸石山整形等技术，还有非充填性质的挖深堑、疏排、梯田式复垦、泥浆泵复垦、梯式动态复垦等办法。

采坑和塌陷区的充填主要用矸石和粉煤灰或矿区的固体废渣作为填充物料，不仅对矿坑进行填充，还兼有掩埋矿区固体废物，形成种植环境的功效。排土场堆土有上层土壤、基质、基岩、尾炭、矸石等，土堆往往很高，占地面积很大。堆土的边坡很陡峭，极不稳定，降雨后易形成泥石流、坍塌、冲沟等，不整形改造就无法建植植被。一般要把边坡用推土机推缓、压实，或修成梯田状，专门修出栽树、种灌木、种草的位置。如果是观光旅游，更要在景观上设计重塑，重点整修。实际上。最理想的作法是在开矿时，把上层含植物种子的土层单独堆放，排土堆整形稳定后，把含种子的土壤按20cm厚覆盖到土堆上，恢复原有植被。矸石山整形与排土场堆土整形道理相同，但难度更大。

2.土壤改良措施

矿业区表土常发生周期性侵蚀，受干扰较大，常受重金属污染，养分贫乏，生物多样性减少，与周边正常土壤有很大区别。土壤改良包括改良其物理性质、化学性质和生物性质。改良方法很多，各有千秋。在实践中，一般都是多种方法并用，使土壤中3种性质都得到改善。

在地形改造重塑的基础上，首先进行的是物理性改良。物理性改良工程量大、投资费用高，但对土壤修复彻底，能为其他措施创造条件。其具体方法，一是翻土法，即深翻土壤，分散污染物到土壤深层，在污染物不扩散、能够分解的前提下达到稀释和自处理的目的。或者把含有大量固体物的土壤放到下层，不影响植物种植。二是换土法，就是把污染土壤取走，投入新的干净土壤。此法只用于治理小面积污染土壤，对大面积土壤而言不可用。三是客土法，向不适宜植物生长或有污染的土壤内加入大量干净新鲜土壤，覆盖在表层或混匀。此方法稳定、彻底，但工程量大。有时在不稳定堆土边坡栽柳条或其他灌木沙障，通过浇水，使土层稳固，加强风化作用，促进植物生长床形成。在有条件的地方，应该在上层土壤中大量施入有机肥料，同时种植耐瘠薄的一年生植物，进行压青，逐渐对生草土层进行改造。

3.植被恢复措施

植被恢复是矿业区草地培育中最重要的环节，也是主要目的。植被建植恢复的过程是在地形改造重塑和土壤改良的基础上，进行立地评价、植物选择、播种栽植、灌溉施肥管理等。立地评价是在植被恢复前，对各种土壤条件进行评价，根据土壤条件正确选择适宜的植物，以保证成功率。植被调查对植物选择很重要，重点调查矿区未受破坏和受到破坏的自然环境中生长的植被，是植物选择的宝贵的线索。要选择生长快、适应性强、抗逆性好的物种。理想的选择是那些能固氮、易栽培、好成活、适应性稳定、有较高的经济价值和生态价值的植物。建植方式是按生态学规律，先种植一年生及一二年生的先锋植物，改良土壤，1~2年后再种植多年生牧草或植树等。但因矿业区土壤肥力低、持水力不强、不稳定，必须适时灌水和施肥，保证植物存活和生长。

目前中国在矿业废弃地改造中选择使用的植物种主要有各种绿肥和固氮植物(斜茎黄芪、草木樨、紫花苜蓿、杂花苜蓿、小冠花、胡枝子、红三叶、白三叶、百脉根、扁蓿豆、黄芪属植物等)、护坡和景观植物(杨树、柳树、油松、杜松、云杉、侧柏、沙棘、柠条、国槐、紫穗槐等)及其他药用植物、花卉植物、经济植物等。但需要注意的是，不论种植什么植物，都应首先选择乡土种、当地种，以保证其适应性和稳定性。据研究，适于排土场生长的草本植物种有：杂种苜蓿、紫花苜蓿、草木樨、斜茎黄芪、草木樨状黄芪、冰草、老芒麦、披碱草等；灌木有沙棘、玫瑰、紫穗槐、丁香、沙柳；乔木有油松、杨树、云杉、侧柏、杜松、国槐、榆树。

在植被建植结构和方式上，有灌草型、乔草型、乔灌草型和观赏型乔灌草。灌草型以间行种植为主要方式，即灌成行，行间距2~3m，行间撒播牧草；占地面积为乔30%、灌40%、草30%。观赏型乔灌草为路两边间种乔、灌，间距1.5m，草本以草坪为主，种于乔、灌之间与建筑物的空旷地带，中间点缀有苹果、杏、李子树等。在植物种配置上，以沙棘-斜茎黄芪、油松-斜茎黄芪和油松-沙棘-斜茎黄芪表现最佳，形成了排土场植被恢复的特有景观。植物庞大根系的垂直和水平分布，在土壤中形成30~70 cm的网状结构，起到了固定土壤、保持水分、增加肥力、降低地表温度的作用。建植后，土壤有机质、速效氮、速效磷、速效钾、土壤含水率等都有所提高，地表温度降低。与建立人工植被前相比较，冲刷沟的数量、深度和宽度均有大幅度减少，充分说明了乔灌草生态结构显著的生态效益。

第四节　退化草原生态修复技术模式简介

董世魁等（2022）依据新时代生态文明背景下中国草原分区结果，将中国草原区划分为内蒙古高原草原区、东北华北平原山地丘陵草原区、青藏高原草原区、西北山地盆地草原区、南方山地丘陵草原区等五大分区，其生态修复技术模式就以五大分区的不同自然地理状况因地制宜展开，下面分别做简要介绍，以期对我们的退化草原生态修复治理工作能提供启迪与参考。

一、内蒙古高原草原区退化草原生态修复模式

本模式依据修复区域的立地条件（自然地理状况），参考当地原生草原生态系统，运用人工干预下的近自然恢复理念，采取人工草地建植与天然草原改良相结合的技术路线，进行受损草原生态系统的重建。各种模式涉及局部地形的平整、微地形的改造；土地整理；沙地设置沙障；植物配置筛选；播种、栽植；生态修复后管护（围栏、封育、补播、补植、施肥灌溉、鼠虫病害防治、监测评价等）、成效评价、适宜推广范围等各环节。下面仅从适用的自然概况、植物配置和成效评价、适宜推广范围对各模式做简要描述。

（一）敕勒川受损草原生态修复模式

1. 自然概况

地处阴山南麓山前冲积扇区域。为城市周边荒废土地，包括砂石采挖地、小片弃耕地，土层薄，地表沙石裸露，卵石分布于30cm以下，风蚀、水蚀严重，植被重度退化。

2. 植物配置

混播草种以羊草、冰草、披碱草等为主，搭配豆科斜茎黄芪、苜蓿、草木犀和黄芩、山葱、二色补血草、石竹、鸢尾、马蔺等。

3. 成效评价

土壤有机质含量增多，整个生态系统趋于稳定。

4. 适宜推广范围

适用于草原区城镇周边的荒废土地或空闲地修复，修复后的草原能够提供生产、生态服务功能，兼顾具有旅游观赏功能。

（二）乌珠穆沁风蚀沙化草原生态修复模式

1. 自然概况

乌珠穆沁风蚀沙化草原的风蚀坑分布较广，一般分为风蚀坑区、陡坡区、缓坡区和平坦区，风蚀坑区为重度沙化区域。由于风蚀的作用，

地表形成1~3m深度的风蚀坑，或者有的因土壤物理结构的不同，风蚀成为2~3m的风蚀土柱。陡坡区为风蚀坑和地表形成>45°的坡面，缓坡区和平坦区就是因超载过牧形成的中度或轻度沙化草原。

2.植物配置

设置沙障和沙地补播。沙障选用芦苇帘和黄柳条。补播植物有冰草、羊草、披碱草、新麦草、斜茎黄芪、达乌里胡枝子、羊柴、草木樨等，按一定比例配比。

3.成效评价

本模式在沙地中心的沙坑埋置机械沙障（芦苇帘）+生物沙障（黄柳条）+补播草种组合，其他区域补播+铺设草帘或枯草等方案，能够完成固定流沙，为植物的生长创造条件。严重沙化草地和风蚀坑经过治理后，植被的高度、盖度和密度显著增加，可在草原区域沙化草地治理中推广应用。

4.适宜推广范围

本模式适用于草原区域的严重风蚀沙化草地修复治理。

（三）苏尼特草原退耕地植被重建模式

1.自然概况

苏尼特草原地处荒漠草原区，气候干旱、水资源匮乏。该区域的饲草料地退耕后地表裸露、土壤风蚀严重，适宜的旱生牧草品种很少，植被靠自然恢复非常缓慢。

2.植物配置

栽植华北驼绒藜当年生或二年生的苗木，华北驼绒藜是藜科驼绒藜属多年生旱生半灌木，根系发达，植株高大，具抗旱、耐寒、耐瘠薄等特点，建成后可以进行放牧和打草利用，是用于荒漠草原退耕地修复、重建较为理想的植物。

3.成效评价

5年的荒漠草原生态修复试验结果表明，华北驼绒藜成活率70%~80%，植株平均高度达到了60~80cm，修复效果非常明显。通过小面积育大苗移栽模式栽植华北驼绒藜，可快速恢复植被，降低了地表风速和土壤侵蚀量。

华北驼绒藜营养价值较高，各种家畜均喜采食，在修复生态环境的同时，可刈割利用，每亩产干草300kg。种植一次，利用率达30年以上，可作为放牧或优良的打草场进行利用，经济效益可观。

4.适宜推广范围

适宜在荒漠草原退耕地人工建植灌木饲草地，也适于在严重退化荒漠草原上采用带状栽植的方式进行生态修复。

（四）乌拉盖河流域盐渍化草原生态修复模式

1.自然概况

乌拉盖河流域地处内蒙古锡林郭勒盟东北部，属半湿润、半干旱北温带季风大陆性气候。由于多年的开垦和过度放牧，部分草地植被退化后逐渐形成了大小不同的盐碱斑，靠自然恢复非常困难。

2.植物配置

设立样地，调查植物群落的覆盖度、地上生物量、优势种盖度和生物量、群落凋落物生物量、盐渍化指示植物数量等指标，并分析各指标与相对参照系统的变化程度；调查修复区地表特征（水蚀、裸地、盐碱斑面积等），检测土壤理化性质指标（土壤质地、容重、有机质含量、含盐量、pH等）。

依退化程度采取不同措施。轻度盐渍化草地采用围封禁牧措施；中度盐渍化草地采用补播耐盐碱植物+围封禁牧措施；重度盐渍化草地疏松土壤+补播耐盐碱植物+施肥+铺设覆盖物+围封等措施。

补播选择适宜的耐盐碱植物，将碱茅、羊草、碱蓬、草木樨等按一定比例混合搭配，播量每亩2~3kg。

3.成效评价

盐渍化草地经过治理3年之后盐碱程度大大降低，草群平均高度、密

注：亩为非国际标准单位。1亩≈667平方米。

度、盖度和地上生物量均显著增加，90%以上的盐碱斑得到有效治理；碱茅等多年生禾本科植物占据了绝对优势，植物群落更加优化。本模式实现了乌拉盖河沿岸盐碱地植被的快速有效恢复，对盐渍化草地的植被和土壤修复具有重要的推广示范意义。

4.适宜推广范围

适宜在内蒙古草原盐渍化草地大面积推广。

（五）浑善达克沙地（沙化草原）生态修复模式

浑善达克沙地位于锡林郭勒高原中部，由于自然因素和人类长期经营活动，原生植被遭到破坏，植被表现出强烈的次生性，沙漠化严重。根据实践，分别采用4种模式：沙障造林、飞播造林、围封育林和人工种草，均取得显著效果。

1.沙障造林生态修复模式

（1）植物配置。采用黄柳活沙障造林生态修复模式。选择生长健壮、木质化程度高、叶芽饱满、无病虫害的2~4年生枝条或1年生萌生枝进行扦插造林。

（2）成效评价。黄柳活沙障是浑善达克沙地最主要的生态修复模式，对于改善沙地、草原生态环境，促进植被恢复，提高产草量具有重要作用，同时还可作为饲料林，补充饲草，提高牧区抗灾减灾能力。

（3）适宜推广范围。适用于干旱、半干旱地区流动沙地黄柳沙障造林技术，其他黄柳适宜分布区可参照本技术。

2.飞播造林生态修复模式

（1）植物配置。浑善达克沙地先后试验过的飞播物种有羊柴、白沙蒿、斜茎黄芪、沙地榆、草木樨、沙蓬、柠条、沙棘等，经过多年实践筛选证明，最适宜的飞播物种为羊柴、白沙蒿（褐沙蒿）、斜茎黄芪、沙地榆等。以羊柴、沙地榆、白沙蒿混播为例，适宜混播比例为2∶1∶1，播种量为0.6kg/亩。

（2）成效评价。飞播是浑善达克沙地治理工作中的一项主要技术。

飞播不仅是一项快速而有效的现代化治沙措施，同时也是沙漠化土地植被重建与逆转的重要途径。

（3）适宜推广范围。适用于生态修复面积较大，需要补充种源的流动沙地。

3.围封育林生态修复模式

（1）封育。封育类型为乔灌型、灌草型。封育年限，乔灌型5~6年、灌草型4~6年。

（2）补植补造。补植树种采用当地良种沙地榆、黄柳、柠条、羊柴等。在流动沙地和风蚀严重地段，种植网格状黄柳沙障，种植柠条、羊柴等。在林间空地区域进行人工补植育林措施，种植柠条、羊柴。黄柳选用2~3年生枝条，插条直径在0.6~0.8cm，插穗长60cm。柠条、羊柴苗木选用1~2年生苗木。柠条苗高40~50cm，地径0.3~0.4cm，裸根长20cm。羊柴苗高20~35cm，地径0.25~0.35cm，裸根长15cm。

（3）成效评价。植物种类增加，生物多样性在第6年达到最大。

（4）适宜推广范围。适宜干旱、半干旱地区流动沙地，地势平坦较适宜实施围栏建设的区域。

4.人工种草生态修复模式

（1）草种选择。一二年生混播人工草地混播草种为"坝优5号"青莜麦和长柔毛野豌豆（毛苕子、毛叶苕子）2个草种；多年生人工草地混播草种为青莜麦（"坝优5号"）、披碱草、无芒雀麦、长穗偃麦草、"草原"3号紫花苜蓿、"呼801"苜蓿6个草种。

一二年生混播人工草地播量分别为：青莜麦9kg/亩、长柔毛野豌豆4kg/亩（播种前将两种牧草种混合均匀）。多年生混播人工草地播种量分别为青莜麦3kg/亩，披碱草0.25kg/亩，无芒雀麦0.5kg/亩，长穗偃麦草0.25kg/亩，"草原3号"紫花苜蓿0.5kg/亩，"呼801"苜蓿0.5kg/亩（播种前将上述牧草种子按比例混合均匀）。

（2）成效评价。人工草地建植是沙化草原生态恢复的重要方式之一，项目实施前，项目区产草量为50kg/亩，项目实施后，种植当年地上生物量至少达到150kg/亩。改善了牧区生产条件，缓解草畜矛盾等畜牧业突出问题。通过混播多年生牧草，种植第二年开始，草地干草产量一般可达600kg/亩以上，经济效益良好。

（3）适宜推广范围。该技术涉及的牧草抗逆性强、适应范围广，能生长在多种类型的气候、土壤环境下。具有能够指导农牧民科学种植的专业技术人员的地区，符合农牧业生产的栽培技术体系和畜草改良体系。

（六）毛乌素沙地生态修复模式

1.自然概况

毛乌素沙地位于典型草原和荒漠草原过渡区，沙漠化过程导致耕地和草场普遍风蚀粗化或为流沙所侵占，土地生产潜力衰退，生产力降低，可利用土地资源丧失。

2.主要修复模式

根据不同的气候和立地条件，主要采用陕北毛乌素沙地樟子松"六位一体"模式、宁夏毛乌素沙地综合治沙模式和宁夏毛乌素沙地流动沙丘沙柳深栽模式等3种生态修复模式，主要技术要点见表7-4。

表7-4　毛乌素沙地生态修复模式及技术要点

序号	生态修复模式	物种选择	技术措施	抚育管理
1	陕北毛乌素沙地樟子松"六位一体"模式	樟子松、紫穗槐	沙障设置、整地、覆膜、套笼	造林后3个月内及时除草、施肥、浇水，生物防治病虫害，防止人为破坏。紫穗槐每3年平茬复壮。大面积造林预留防火道和作业道
2	宁夏毛乌素沙地综合治沙模式	平缓沙地可选用刺槐、榆树、柠条、毛条等进行带状或片状造林；水分条件较好的丘间低状，可选用杨树、沙枣、沙柳、刺槐、旱柳、柽柳、花棒、羊柴等树种，草种以多年生的沙蒿、斜茎黄芪、苦豆子为主	15°以下带状整地，地下水位较高的地段穴状整地	封育管护，严禁放牧，加强鼠、兔害防治和森林防火

（续表）

序号	生态修复模式	物种选择	技术措施	抚育管理
3	宁夏毛乌素沙地流动沙丘沙柳深栽模式	选择耐旱、耐瘠薄、耐沙埋、根系深而发达、抗风蚀能力强的沙柳	春季扦插造林,栽植时铲除迎风坡地表干沙。在迎风坡设置1m×1m方格麦草沙障,稳定沙面	一般造林2~3年后开始平茬,以后每隔3~5年再平茬

3.成效评价

毛乌素沙地沙漠化治理取得了良好的生态效益与经济效益,植被盖度增加,生态环境逐渐改善,有效地控制了区域内水土流失,沙化土地得到了治理改造,对控制风沙危害,遏止沙化起到了积极的作用。

4.适宜推广范围

该模式可以在北方温带地区的几大沙地包括毛乌素沙地、浑善达克沙地、科尔沁沙地、呼伦贝尔沙地等沙化面积集中的地区推广应用,也适宜在陕西、甘肃、宁夏、内蒙古等北方地区,有相似立地条件的流动沙丘推广应用。

二、西北山地盆地草原区退化草原生态修复模式

以黄河刘家峡库区林草复合生态修复模式为例。

1.自然概况

黄河刘家峡水库区平均海拔2000m以上,属中温带高海拔地区,该区域气候干旱、植被稀疏、土壤质地疏松、稳定性差,致使大部分沟道和山塬下部出现严重的水土流失,并成为水库安全运行的严重隐患。由于人口的持续增加,地面植被遭破坏、滥伐森林等人为因素也是加剧库区水土流失、生态环境破坏的因素之一。

2.修复模式及适宜范围

基于黄河刘家峡库区特殊的地理环境及生态系统退化特征,坚持生态环境保护与经济利用并重的方针,共研发了3种生态修复治理模式,见

表7-5。

表7-5　黄河刘家峡库区林草复合生态修复模式

序号	生态修复模式	适用条件及目标	适宜推广范围
1	刺槐生态林+紫花苜蓿+红豆草林草复合生态修复模式	在坡度较缓、立地条件相对较好的地段，坚持生态与经济有机结合，种植刺槐生态防护林，建立生态经济林-草复合植被修复模式，做到经济收益与生态防护并重	适宜干旱、半干旱地区推广，适宜甘肃、内蒙古、新疆、陕西及河北等退化林地推广利用
2	花椒经济林+紫花苜蓿林草复合生态修复模式	该模式来源于甘肃临夏县的黄河刘家峡库区，以合理利用水、热、光、土自然资源为依据，以提高土地生产力为目标，以防护林为主体，构建生物学稳定、配置科学、功能完善的生态经济高效的林草复合体系	适宜干旱、半干旱地区推广，适宜甘肃、内蒙古、新疆、陕西、宁夏及河北等经济林种植区推广利用
3	早酥梨经济林+紫花苜蓿林草复合生态修复模式	该模式来源于甘肃临夏县的黄河刘家峡库区，选择当地种植有优势的经济林早酥梨作为防护林主体，在林间种植抗旱高产的优良紫花苜蓿	适宜半干旱至半湿润区推广，适宜甘肃、陕西、宁夏及河北等经济林种植区推广利用

三、青藏高原草原区退化草原生态修复模式

(一) 三江源区黑土滩（山）型退化草原生态修复模式

1. 自然概况

三江源区位于青海省南部，以山地地貌为主，在气候区划上属青藏高原那曲-果洛半湿润区和羌塘半干旱区，土壤以高山草甸土为主，沼泽化草甸土也较为普遍。高寒草地（高寒草甸和高寒草原）是三江源区主要的植被类型。

黑土滩（山）主要分布于海拔3500~4500m的高寒地区，三江源区是其主要分布区，除高寒草甸外、高寒草原、高寒灌丛草地、高寒灌丛都可退化形成黑土滩。

2. 植物配置

依据利用目标，选用不同草种混播组合。刈用型人工草地选择"同德短芒披碱草"+"青海中华羊茅"；放牧型选择"青海草地早熟禾"+

"青海冷地早熟禾"；刈牧兼用型选择"同德短芒披碱草"+"青海中华羊茅"+"青海草地早熟禾"+"青海冷地早熟禾"，牧草种子的标准不低于二级。

3.适宜范围

藏北、川西北和甘南地区的气候条件和草地类型与三江源区类似，故三江源区黑土滩（山）退化草地修复模式也适宜在藏北、川西北、甘南等类似的地区进行推广。

（二）环青海湖区沙化草原生态修复模式

1.自然概况

青海湖流域地处青藏高原东北部，主要生态问题是：草场面积缩减，荒漠面积扩大；优良牧草种类减少，毒杂草大量滋生；气候干暖化、放牧草地长期超载过牧、盲目垦荒、乱采滥伐、鼠虫危害严重等。

2.修复模式

围栏建设+草地休牧；控制载畜量；防风固沙（化学固沙、微生物固沙、工程固沙、综合治沙）；沙地种植燕麦、肋果沙棘或扦插水柏枝。

3.适宜推广范围

除青海湖流域外，该技术和模式可以推广到西藏"一江两河"流域沙化草原、三江源沙化草原、川西北沙化草原、甘南沙化草原的生态修复治理。

（三）甘南退化沼泽草甸生态修复模式

1.自然概况

甘南藏族自治州地处青藏高原和黄土高原过渡地带，境内草原广阔，气候属典型的大陆性气候。现在沼泽草甸7.28%的面积明显恶化，38.92%的面积轻微恶化。

2.主要生态修复模式

针对甘南退化沼泽草地的实际情况，提出5种生态修复模式。实践中应结合具体情况，因地制宜，单一或多模式综合使用，实现"一次恢复、自然演替、逐步稳定"。

（1）封育+免耕补播+施肥。适用于过度放牧导致的植被稀疏，草地生产力下降，物种多样性减少的沼泽草甸。

（2）羊粪施肥+方格沙障+乡土植物补播。方格沙障可选用草方格、高山柳方格和尼龙网方格，适用于干化、沙化严重的沼泽草甸，指甘南黄河两岸沙埋、沙化的寒湿型沙化草甸。

（3）封育+鼠虫害防治+补播。适用于不合理利用沼泽湿地资源导致草甸干化、鼠虫害大面积发生，受损的高寒沼泽草甸。

（4）封育+除杂+补播。适用于不合理利用湿地资源导致毒杂草大面积发生，原有植被结构和组成完全被破坏的沼泽草甸。

（5）废"排"增"集"。适宜于沼泽草甸的修复。

上述5种模式补播草种应选择多年生禾本科优良牧草垂穗披碱草、中华羊茅、早熟禾、野豌豆等。

（四）若尔盖高原沙化草原生态修复模式

1. 自然概况

若尔盖高原沙化草原主要分布于黄河流域和黑河中、下游流域以及白河上游流域，以古河道为中心呈条带状分布，又是亚高山草甸、迎风坡面、山垭口、牧道的多发区。

2. 修复模式

（1）轻度沙化草原生态修复技术。采取"围栏禁牧+补播草种+综合管护"技术模式。补播草种选用：①"川草2号"老芒麦（22.5kg/hm²）+"阿坝"硬秆仲彬草（15kg/hm²）。②"川草1号"、"川草2号"老芒麦（22.5kg/hm²）+沙生冰草。③无芒雀麦（7.5kg/hm²）+燕麦（45kg/hm²）。

（2）中度沙化草原生态修复技术。采取"围栏禁牧+牛羊粪固沙+灌草复合种植+综合管护"技术模式。补播选用以下草种组合：①"阿坝"硬秆仲彬草（30kg/hm²）+沙生冰草（22.5kg/hm²）+燕麦（30kg/hm²）。②沙生冰草（30 kg/hm²）+紫穗鹅观草（22.5kg/hm²）+一年生黑麦草（15kg/

hm²）。③"川草1号"（或"川草2号"）老芒麦（30kghm²）+沙生冰草（22.5kg/hm²）。④无芒雀麦（7.5 kg/hm²）+燕麦（45kg/hm²）。

（3）重度沙化草原生态修复技术。采取"围栏禁牧+沙障设置+补施有机肥+灌草复合种植+连续管护"技术模式，阻风固沙，恢复植被。草带选用蒿草或山生柳；沙障选用草方格、尼龙网或与山生柳组合；迎风坡密植沙棘、山生柳或二者混交密植；平缓处建设人工草地，草种选用"阿坝"硬秆仲彬草（45kg/hm²）+燕麦（150kg/hm²）或"阿坝"硬秆仲彬草（30kg/hm²）+沙生冰草（22.5kg/hm²）+燕麦（30kg/hm²）。

3.成效评价

该模式在若尔盖县麦溪乡成功试验示范并推广应用。轻度沙化草原植被盖度达80%以上，平均干草产量达到150kg/亩，是治理前牧草产量的2倍；严重沙化草原植被盖度达到30%，产草量达40kg/亩以上。草地生态环境得到了较好的改善。

四、东北华北平原山地丘陵草原区退化草原生态修复模式

分别以东北松嫩平原盐碱化草原、黄土丘陵区水土流失型草地和山西丘陵山地退化灌草丛为例介绍生态修复模式。

（一）东北松嫩平原盐碱化草原生态修复模式

1.松嫩平原草原概况及修复与治理技术思路

松嫩草原地势平坦，地表起伏不大。松嫩草原植被类型为草甸草原，主要有羊草草甸和盐生草甸等。轻度盐碱化草地羊草群落占优势，中重度盐碱化草地大多是羊草群落中混生碱茅、野大麦、碱蒿、虎尾草等盐生或耐盐碱植物。重度盐碱化草原多以一年生盐生植物，如碱蓬、碱地肤等占优势。

松嫩平原盐碱退化草原的修复与治理，根据改良措施的性质可分为生物、物理、化学三方面。生物改良主要是种植/移栽耐盐碱植物，或者通过添加枯草改变盐碱土的理化性质及养分状况；物理改良则是采用一

些物理方法进行盐碱土改良，如松耕、压沙等；化学改良是应用一些酸性盐类的化学物质来改良盐碱土的性质。

2. 修复模式、修复成效及适宜推广范围

东北松嫩平原盐碱化草原生态修复模式主要有4种，见表7-6。

表7-6　东北松嫩平原盐碱化草原生态修复模式

序号	生态修复模式	物种选择	技术措施	抚育管理	修复成效	适宜推广范围
1	枯草（或秸秆）覆盖—种草修复模式	星星草（重度）；羊草、披碱草、或羊草与草木犀混播（中度）	围封＋枯草（或秸秆）覆盖＋补播种草	播后覆草、施肥、灌溉等。	盐碱斑减少率达70%~85%	适宜干旱、半干旱地区地势较为平坦的退化草原。在东北、内蒙古及新疆等盐碱退化草原有广阔的应用前景
2	秸秆扦插修复模式	羊草、野大麦或碱茅	围封＋扦插玉米秸秆（株行距：35~45×40~50）＋补播（补播草种撒播到玉米秸秆扦插处）	播后培土	成本低，易于大范围推广应用。在次生光碱斑呈斑块状分布且面积相对较小区域修复效果显著	适宜碱斑与草斑镶嵌分布的退化草原区域进行推广应用。次生光碱斑呈斑块状分布且面积相对较小区域使用该措施修复更具优越性
3	顺序播种修复模式	一年生植物选用虎尾草、狗尾草和长芒野稗；2~3年后，补播多年生植物，选用羊草、野大麦、星星草等	围封＋顺序播种（补播一年生和多年生植物）	播后覆草、施肥、灌溉等	5~6年后，可恢复到以羊草为主的植物群落	适宜地势较平坦的中度、轻度退化草原。在松嫩草原、内蒙古草原、青藏高原等地均可推广应用
4	羊草移栽修复模式		围封＋羊草（大叶龄）带土移栽	移栽后覆盖栽植穴、浇水。施肥、灌溉	可使羊草小苗在盐碱地上快速生长与扩繁，快速恢复草原植被，提高草原质量	适宜退化程度均一，地势较为平坦的草原。在中国东北盐碱退化草原、西藏"一江两河"草原轻度退化区域均可推广

（二）黄土丘陵区水土流失型草地生态修复模式

1.自然概况

黄土高原半干旱区属农牧交错区，水土流失严重。草地生态系统严重退化和沙漠化。修复应以自然恢复为主，辅以人为控制，并要以人类的自约行为作保障。

2.修复模式

（1）梁峁顶部修复措施。围栏封育。

（2）坡面修复措施。整地+补播。采用鱼鳞坑、水平沟、反坡带子等整地方法。补播沙棘、披碱草等。

（3）侵蚀沟修复措施。坡改梯技术和地埂保护技术、土地平整、保护性耕作、梯田培肥、平衡施肥和生物化学保水控水改土。

（4）人工草地建植技术。常用草灌物种有柠条、白刺花、沙棘、斜茎黄芪、达乌里胡枝子、草木樨状黄芪、白羊草、长芒草、大针茅、糙隐子草、披碱草、紫苜蓿、无芒雀麦和柳枝稷等。

3.适宜推广范围

梁峁顶部恢复模式、坡面修复模式、侵蚀沟修复模式等生态修复模式可以在陕西、山西、甘肃、宁夏等省（自治区）黄土高原丘陵沟壑区水土流失型退化草地恢复治理中推广应用。

（三）山西丘陵山地退化灌草丛生态修复模式

1.退化草地概况

山西省山地丘陵草地由于开垦切割，造成水土流失，土壤肥力下降，进而引起草地退化。

2.修复模式

（1）自然恢复模式。围栏封育、禁牧、休牧、轮牧以及微生态恢复（微生物菌剂）。适宜轻度、中度退化草地。

（2）人工促进修复。松耙（适宜根茎型禾草或根茎疏丛型禾草为主的中度退化草甸或草甸草原）、划破草皮（根茎型禾草为主的中度退化草地）、浅耕翻（适宜重度退化的根茎型禾草草地）、补播（中度和重度退化草地免耕补播或松土补播）、施肥、鼠虫害防治。

（3）达乌里胡枝子人工草地建植。

3.适宜推广范围

适宜山西、陕西、甘肃等黄土高原暖性灌丛草地分布区推广，也可在暖温带地区以白芒草为优势种、达乌里胡枝子为建群种的灌草丛分布区推广应用。

五、南方山地丘陵草原区退化草原生态修复模式

（一）西南岩溶地区石漠化草地生态修复模式

1.自然概况

西南岩溶地区属亚热带湿润区，为亚热带季风气候。石灰岩厚度大、分布广。因南方雨量大，石漠化地区土层非常薄，流失后恢复十分困难。

2.修复模式

主要有4种修复模式。见表7-7。适宜补播草种见表7-8。

表7-7　西南岩溶地区石漠化草地生态修复模式

序号	修复模式	技术措施	适宜推广范围
1	全石山"封"模式	封育+施肥等	主要适宜于岩石裸露率在70%以上，土壤极少，以砂粒、石粒为主，植被恢复艰难地区退化草地的修复，周边环境应具备"封"的条件
2	半石山"封"模式	补播+禁牧+全封	岩石裸露率在50%~70%的石漠化退化草地
3	少石山"封"模式	封育、施肥、补播等	岩石裸露率在30%以下的石漠化退化草地
4	地下石山"建"模式	人工草地建植	岩石裸露率在10%以下的石漠化退化草地

表7-8 适宜西南岩溶地区石漠化草地生态修复补播草种

序号	修复模式	海拔	适宜草种
1	半石山"封"模式	高海拔区	豆科牧草:白三叶、红三叶、百脉根、光叶紫花苕等 禾本科牧草:多年生黑麦草、一年生黑麦草、鸭茅、猫尾草、燕麦、苇状羊茅、无芒雀麦、黑穗画眉草、老芒麦、垂穗披碱草等
		中海拔区	豆科牧草:白三叶、紫花苜蓿、红三叶、黄花草木樨、白花草木樨、多变小冠花、百脉根、光叶紫花苕、银叶山蚂蝗、绿叶山蚂蝗等 禾本科牧草:多年生黑麦草、一年生黑麦草、鸭茅、燕麦、非洲狗尾草、杂交狼尾草、伏生臂形草、杂交臂形草、野古草、黑穗画眉草、宽叶雀稗、无芒雀麦等
		低海拔区	豆科牧草:大翼豆、柱花草、白三叶、新银合欢、木豆、马鹿花、猪屎豆、葛藤、紫花苜蓿等 禾本科牧草:非洲狗尾草、东非狼尾草、雀稗、伏生臂形草、杂交臂形草、宽叶雀稗、大黍等
2	少石山"封"模式	高海拔区	豆科牧草:白三叶、红三叶、百脉根、毛苕子等 禾本科牧草:多年生黑麦草、一年生黑麦草、鸭茅、猫尾草、燕麦等。
		中海拔区	豆科牧草:白三叶、紫花苜蓿、柱花草、红三叶、毛苕子等 禾本科牧草:多年生黑麦草、一年生黑麦草、鸭茅、燕麦、非洲狗尾草、杂交狼尾草、伏生臂形草、杂交臂形草等
		低海拔区	豆科牧草:大翼豆、柱花草、白三叶、银合欢、葛藤、紫花苜蓿等 禾本科牧草:非洲狗尾草、东非狼尾草、宽叶雀稗、多年生黑麦草、一年生黑麦草、杂交狼尾草、伏生臂形草、杂交臂形草等
3	地下石山"建"模式	高海拔区	豆科牧草:白三叶、红三叶、紫花苜蓿、百脉根、毛苕子等 禾本科牧草:多年生黑麦草、一年生黑麦草、鸭茅、垂穗披碱草、黑穗画眉草、无芒雀麦、苇状羊茅、羊茅、黑麦草、燕麦、黑麦、小黑麦等
		中海拔区	豆科牧草:白三叶、紫花苜蓿、红三叶、毛苕子、楚雄南苜蓿等 禾本科牧草:宽叶雀稗、东非狼尾草、鸭茅、多年生黑麦草、非洲狗尾草、多花黑麦草、杂交狼尾草、杂交臂形草、伏生臂形草、苇状羊茅、高丹草、甜高粱、燕麦、黑麦、牛鞭草、黑穗画眉草、扭黄茅、五节芒、草芦等
		低海拔区	豆科牧草:大翼豆、柱花草、白三叶、银合欢、葛藤、木豆、猪屎豆、毛苕子等 禾本科牧草:东非狼尾草、宽叶雀稗、非洲狗尾草、杂交狼尾草、象草、伏生臂形草、杂交臂形草等

（二）东南地区风电场溜渣坡近灌丛化草地生态修复模式

1.自然概况

风电场属低山地貌，地形起伏较大，山体较为单薄。因运输道路开挖而形成长陡溜渣坡，土壤裸露，有水土流失的发展趋势。

2.修复模式

溜渣坡柔性水肥生态仓建设+"藤先锋"技术+工程措施及植物组配技术。水肥生态仓内间隔点播植物种子。植物包括先锋植物、目标植物和速生灌木，先锋植物包括高羊茅、三叶草、宽叶草、紫穗槐，目标植物包括胡枝子、刺槐、多花木蓝、构树、盐肤木等，速生灌木包括木豆、猪屎豆等。栽植树木为马尾松、木荷、大叶女贞、小叶女贞、麻栎、栲木等苗木。

3.适宜推广范围

可在南方亚热带和热带草山草坡区受风电厂建设或其他工程建设破坏的草地的恢复治理中推广应用。

（三）湖南地区南山牧场退化草地生态修复模式

1.自然概况

南山牧场以禾本科植物为主，土壤为山地黄棕壤和山地草甸土，温度、降水及水利条件有利于三叶草、黑麦草等牧草的生长，土壤肥沃，草资源丰富，是南方独特的天然草场，为奶牛、肉牛的养殖提供了有利条件。目前人工草地的鲜草产量连续下降，生态环境恶化，山体滑坡现象时有发生，水土流失现象加剧，草地环境进一步恶化，鼠虫病害严重，灌木蔓延加剧。

2.修复模式

（1）草山改良模式。围栏封育+施肥+补播（三叶草、黑麦草）。

（2）裸露边坡草地修复模式。客土/液压喷播技术等技术。

（3）人工草地建植。建设三叶草或黑麦草等人工草地。

3.适宜推广范围

可在南方亚热带、热带草山、草坡及次生草地退化恢复治理中推广应用。

六、利用羊草修复退化草原生态修复模式

1.羊草简介

羊草（*Leymus chinensis*）属禾本科赖草属多年生根茎型草本植物，是欧亚大陆草原区东部草甸草原及典型草原的重要建群种，也是中国北方广泛分布的具有优势的多年生优质乡土草。羊草不仅具有产量高、品质好、适口性好、再生力强、持绿期长、叶量多、播种期长等优点，而且具有一些栽培农作物无法比拟的优点，如适应性好、抗寒抗旱、耐盐碱、耐瘠薄、耐牧等特性。

羊草网状根系繁殖速度快，其绿色覆盖、固沙弱荒、涵养水土、固碳储碳、减排净化效能显著。羊草耐干旱，自然降水量在200~300mm的区域，每年灌水量不足200m³/亩，且施肥少，适合干旱贫瘠区域种植，打造节水农业新模式。羊草在生态环境保护和修复方面具有举足轻重的地位，对改善中国退化草原生态环境和盐渍化草地的治理具有重大意义。

2.修复模式及适宜推广范围

（1）科尔沁沙地"中科羊草"生态修复模式。此模式来源于通辽市开鲁县，土壤性质为沙土，草地退化后出现大量毒害草（长刺蒺藜草、刺萼龙葵等）。通过补播优质牧草治理毒害草，草种选择多年生乡土草"中科1号"羊草。适宜在沙地治理中应用。

（2）天山北坡荒漠化草原"中科羊草"修复模式。模式来源于新疆昌吉州呼图壁县雀儿沟镇，属温带大陆性干旱半干旱气候。项目区位于天山北坡，土壤性质为栗钙土。周围牧民长期放牧，草地退化严重，已变为荒漠化草原，植被盖度不足3%。通过免耕穴播多年生乡土草"中科1号"羊草改良退化荒漠草地。播后施肥灌溉，进行管护。此模式适宜于放牧退化的荒漠草原，在自然降雨情况下可以促使羊草发芽并生长，发挥生态效益。

（3）河西走廊沙化盐渍化草地"中科羊草"生态修复模式。此模式

来源于甘肃省景泰县，属温带干旱型大陆气候。土壤为盐碱地和退化沙化草地。因气候干旱和常年放牧，造成草地严重退化，治理前植被盖度不足5%，无利用价值且生态脆弱。选用优质乡土草"中科3号"羊草进行播种改良。适宜改良盐渍化草地。

（4）黄土高原水土流失区"中科羊草"生态修复模式。此模式来源于陕西榆林佳县，佳县位于陕西省榆林市东北部黄河中游西岸，大陆性季风气候，年均降水量在380mm，地处农牧交错带，生态环境非常脆弱，容易发生水蚀造成水土流失。由于受传统观念及人口快速增长等因素的影响，广种薄收、毁林开荒、平山造田、陡坡耕种的现象严重，水土流失逐年加剧、生态环境不断恶化。选用"中科1号"羊草品种补播改良退化草地。

（5）青藏高原"中科羊草"修复退化草地模式。此模式来源于西藏自治区拉萨市林周县。可利用草地资源面积大，但实际利用率不高，受传统放牧形式的影响，草地资源并未得到保护，资源损失严重。选用"中科5号"羊草播种试验改良退化草地。中科羊草高海拔地区试种成功，为青藏高原退化草地生态修复提供了科学依据。青海、西藏、新疆等高海拔地区退化草地分类修复，可根据灌溉、非灌溉条件设计不同种植模式，开展生态修复的同时，解决当地优质饲草紧缺的难题，提升畜牧业发展水平。

第五节　草原生态修复技术研究展望

一、现有草原生态修复技术研究概述

退化草原修复是当前中国生态治理的一项重大工程，了解和掌握现有的技术成果是开展退化草原修复工作的基础和技术保障，对其成功实施有着指导意义。根据大量研究文献表明，关于退化草原修复技术的研究主要从植被恢复和土壤修复两个方面进行，一方面是开展草地保护下的自然修复措施，如围栏封育、轮牧、休牧、禁牧等措施；另一方面是以人工干预为主的修复措施，主要包括松耙、免耕补播、划破草皮、浅耕翻、灌溉、施肥等措施。

在新疆、青海、宁夏、内蒙古、吉林、四川等中国草原主要分布区域，针对不同退化类型的草原，许多学者都进行了围栏封育研究，一致认为围栏封育是退化草地修复的有效措施，也可促进草地土壤发育，土壤微生物数量增加。自然修复措施适用于各类型的草地，自然修复措施对退化草原修复有着重要的意义，是退化草原植被和土壤恢复的有效措施。

针对不同类型的退化草原，诸多学者就松耙、免耕补播、划破草皮、浅耕翻、灌溉、施肥等技术进行了大量研究，结果表明，人工干预修复措施可有效改善草原群落结构、植物多样性及土壤有机碳储量，在促进草地生态系统恢复过程中起到了重要作用。人工干预修复措施同样是退化草原植被和土壤恢复的有效措施。

另外，在各项技术的综合研究中，一些学者还进行了多项技术之间的比较研究，给出了各项技术及组合方式在退化草原修复中的优劣。

补播适用于植被盖度在30%及以下的中重度以上退化草地，且补播草地宜选择在年降雨量不小于300mm或有灌水条件的地区进行，补播时间宜为雨季来临前，补播草种以乡土草种为主。浅耕翻、划破草皮和切根适用于以根茎型禾草为主的退化草地，其中划破草皮和切根以中轻度退化草原为主，深度10~20cm，行距30~60cm为宜，时间宜在早春或晚秋进行。浅耕翻以重度退化草地为主，宜在雨季进行浅耕翻，耕翻深度以15~20cm为好，干旱年份或雨量过大的年份都不宜翻耕。施肥对退化草地改良的研究结果显示，施肥主要是改善草地土壤营养状况，促进牧草生长，改善草群结构和提高牧草产量。在中重度及以上的退化草地修复时，通常与补播、切根、松土等措施结合实施效果更佳。肥料可选择有机肥或化学肥料，施肥量视土壤肥力而定。在利用补播、施肥、浅耕翻、划破草皮、切根等技术进行退化草地修复时，需要根据不同的草地类型，以及不同的自然条件等情况，因地制宜地选择使用。

二、问题与展望

潘庆民等（2023）在第313期"双清论坛"上的《我国退化草原恢复的限制因子及需要解决的基础科学问题》一文对草原恢复存在的问题与需要解决的学科问题做了详细的阐述，现摘录如下。

（一）草原恢复的限制因子

1.植物繁殖体限制

芽库和种子库可合称为草原植物繁殖体库。研究表明，优质牧草繁殖体的减少是退化草原难以恢复最主要的限制因子。

2.微生物限制

在生态系统中，土壤微生物是最丰富和最多样化的生命有机体。在长期的进化过程中，草原植物与微生物形成了复杂的互惠共生关系。一方面，植物为微生物提供碳源；另一方面，微生物帮助植物获取氮、磷等土壤养分。过度放牧导致的草原退化会降低土壤微生物的多样性，改变微生物的群落组成。

3.土壤养分限制

在合理的放牧或刈割利用强度下，草原生态系统中的能量沿着食物链在生产者、消费者和分解者之间转移。其中，草原植物是生产者，草原动物是消费者，微生物包括真菌和细菌等是分解者。植物被动物采食、动物的尸体又被微生物分解，其分解后的养分重新回到土壤供应植物的生长，而这个过程构成了一个循环系统，且具有一定的自我调节能力。但因为放牧场过度放牧和打草场连年刈割，大量的土壤养分随着家畜外销或牧草收获而带出了草原生态系统，导致草原的养分入不敷出。

4.土壤水分限制

草原大多处于干旱半干旱区，水分是草原植物最主要的限制因子。草原退化后，植被盖度降低，土壤水分的散失更为强烈，因而水分对植物生长的限制作用更大。

草原退化后，植物繁殖体限制、微生物限制、土壤养分限制和水分限制的作用叠加，使得土壤的结构遭到破坏，水分和养分状况恶化，有益微生物的多样性降低，功能丧失，进而诱发鼠害和虫害频繁爆发，毒害草入侵，严重制约着草原的恢复进程。需要指出的是，除了上述限制因子外，草原退化还表现为食物网结构的简单化以及不同营养级物种的缺失。因此，营养级联关系的重建和食物网的恢复也被认为是退化草原恢复的关键因素。退化草原恢复过程中，需要特别强调恢复草原结构的重要性，即逐步增加更多的营养级物种，形成基本的食物网，产生营养级效应，促进草原良性的营养循环，提高草原生产力与稳定性。

（二）草原恢复的目标与途径

根据群落演替理论和多元顶极假说，基于中国草原的植被特征和退化现状，中国草原恢复的短期目标是遏制草原退化势头，最终目标以构建"近顶极群落"比较适宜。所谓"近顶极群落"是指在物种组成等群落结构特征上与相同生境下退化前的顶极群落相近，生物多样性得以保持，生态系统结构完好，生态功能与生产功能完善，"草-畜"关系协调的草原群落。

在退化程度较轻，土壤种子库和地下芽库充足的条件下，可采用围封禁牧、延迟放牧和划区轮牧这些措施，草原在去除放牧后的3~5年可以基本恢复。对于中度和重度退化的草原，由于其退化程度已超过了自然恢复的阈值，完全依靠自然恢复，进程极其缓慢，需配合人工辅助修复措施。因此，中国草原恢复的途径应该是自然恢复与人工辅助修复相结合。

（三）退化草原恢复需要解决的基础科学问题

1.物种水平的基础科学问题

（1）草原植物的繁殖策略。需要深入研究不同区域不同类型草原的植物繁殖策略及其调控机制，充分利用植物的繁殖策略加速退化草原的恢复。

（2）草原植物的养分和水分利用策略。研究草原植物的水分和养分吸收、分配和运移规律，以及水分和养分的利用效率，揭示不同恢复阶段植物资源利用与群落组成变化的关系。

（3）不同草原植物种与微生物的互作机制。迄今针对草原植物与微生物的互作机制的研究相当有限。菌根真菌在不同植物养分吸收中的作用、非共生固氮微生物对植物的作用，以及植物-微生物互作与草原群落演替的关系亟待深入研究。

2.群落水平的基础科学问题

（1）退化草原恢复的演替轨迹。草原退化是植物群落退行性演替的过程，随着退化程度的加剧，会经历几个不同的阶段。与之相比，草原群落恢复进程的研究非常薄弱。草原恢复的过程是否是草原退化演替的逆过程？哪些（种）环境条件的改变能够促进退化草原群落的恢复演替进程？解决这些问题对于指导退化草原的恢复至关重要。

（2）退化草原恢复的物种变化驱动机制。植物种群的消长与植物的繁殖策略、资源利用策略有何关系，与养分和水分环境的改善有何关系？揭示草原恢复过程中物种变化驱动机制对于研发草原恢复技术具有重要指导意义。

3.生态系统水平的基础科学问题

（1）草原恢复过程中的物质循环和能量流动。草原退化导致生态系统的物质循环和能量流动出现了障碍，特别是碳、氮、磷循环。畅通草原生态系统的物质循环和能量流动，是草原恢复的重要标志。揭示草原生态系统恢复过程的氮循环和磷循环对于深刻理解养分驱动退化草原恢复的机理以及制订合理的养分管理措施至关重要。能量流动是能量沿食物链进行传递的过程，是草原生态系统物质循环的驱动力。不同营养级之间的能量传递效率，如植物生产的光能利用效率、动物生产的饲草转化效率等方面的研究对于制订合理的放牧和刈割制度，实现草畜平衡具有重要意义。

（2）草原恢复过程中生物多样性与生态系统多功能性的关系。生物多样性（包括植物多样性、动物多样性和微生物多样性）对于草原生态系统多功能性和生态系统稳定性至关重要。由于草原生态系统不同功能之间存在权衡关系，在草原恢复演替过程中，生物多样性的变化如何影响草原生态系统的多功能性对于深刻理解草原生态系统结构与功能的恢复进程，制订合理的调控措施十分重要。

（3）草原恢复过程中生产功能和生态功能的协同提升机制。深入研究不同恢复途径下草原生产功能和生态功能的协同提升机制，可以为草原恢复途径的确立和恢复技术的研发提供依据。

（四）处理好生态修复和保护之间的关系

草原生态修复治理不易且保护更难，这是草原治理工作者的最大感受。草原修复治理是政府或法人行为，在相对短期内完成，而草原保护则要涉及到千家万户，是艰巨的长期任务；没有保护的治理只能是前功尽弃，造成大量资源浪费，对社会造成损失。草原资源所有权和使用权的保持相对稳定，可以增加人们对草原保护的积极性，此外，还应加大对草原保护知识和法律等的宣传和普及力度，让广大农牧民深刻认识到"绿水青山就是金山银山"的价值理念，意识到草原环境的变化与自身的生活息息相关，使保护草原生态环境成为他们的自觉行动。

（五）草原生态恢复的多重逻辑平衡

强国民等（2022）认为草原生态治理由国家逻辑、科层逻辑、市场逻辑和效用逻辑构成多重过程机制的主要逻辑，这些逻辑耦合于各行动主体之间行为偏好和利益协调的内生性过程。多重逻辑之间价值取向和实践路径的关联性，多元行动主体之间利益目标和行为逻辑的差异性，共同塑造了草原生态治理的特质。而习近平生态文明思想为协调草原生态治理的多重逻辑关系提供了行动指南和根本遵循。根据这一思想，我们要加强"绿水青山就是金山银山"理念的价值认同，提升国家逻辑的统领作用；完善多重逻辑协同的目标责任体系，推动科层逻辑管制与市场逻辑促进之间的动态平衡；构建草原行动主体之间共生共享共治的格局，促进效用逻辑的正向反馈和良性循环。

附表1 温性草甸草原类草地型列表

草地型	草地型
1-羊草型	28-具灌木的披针叶苔草、杂类草型
2-羊草、贝加尔针茅型	29-草原苔草、杂类草型
3-羊草、杂类草型	30-异穗苔草、白莲蒿型
4-具西伯利亚杏的羊草、贝加尔针茅型	31-线叶菊、贝加尔针茅型枝子
5-贝加尔针茅、羊草型	32-线叶菊、羊茅型
6-贝加尔针茅、杂类草型	33-线叶菊、脚苔草型
7-具西伯利亚杏的贝加尔针茅型	34-线叶菊、杂类草型
8-多叶隐子草、杂类草型	35-线叶菊、尖叶胡枝子型
9-多叶隐子草、冷蒿型	36-具灌木的线叶菊、贝加尔针茅型
10-多叶隐子草、尖叶胡枝子型	37-裂叶蒿、披针叶苔草型
11-具西伯利亚杏的多叶隐子草型	38-银蒿、白草型
12-线叶菊、羊草型	39-天山鸢尾、杂类草型
13-裂叶蒿、地榆型	40-紫花鸢尾、白莲蒿型
14-贝加尔针茅型	41-具金丝桃叶绣线菊的新疆亚菊型
15-贝加尔针茅、线叶菊型	42-牛尾蒿、白莲蒿型
16-具灌木的贝加尔针茅、隐子草型	43-白莲蒿、贝加尔针茅型
17-白羊草、针茅型	44-白莲蒿、草地早熟禾型
18-羊茅型	45-白莲蒿、杂类草型
19-具蔷薇的羊茅、杂类草型	46-具灌木的白莲蒿、杂类草型
20-沟羊茅、杂类草型	47-细裂叶莲蒿、早熟禾型
21-阿拉套羊茅、草原苔草型	48-具灌木的细裂叶莲蒿
22-细叶早熟禾、针茅型	49-尖叶胡枝子、中华隐子草型
23-新疆早熟禾、新疆亚菊型	50-具家榆的羊草、杂类草型
24-硬质早熟禾、杂类草型	51-菊叶委陵菜、杂类草型
25-脚苔草、杂类草型	52-具灌木的差巴嘎蒿、禾草型
26-具灌木的脚苔草、杂类草型	
27-披针叶苔草、杂类草型	

附表2　温性草原类草地型列表

草地型	草地型
53-羊草、针茅型	84-猪毛蒿、杂类草型
54-羊草、糙隐子草型	85-沙蒿、长芒草型
55-羊草、杂类草型	86-蒿、杂类草型
56-羊草、冷蒿型	87-华北米蒿、禾草型
57-具小叶锦鸡儿的羊草、杂类草型	88-冷蒿、西北针茅型
58-大针茅型	89-冷蒿、长芒草型
59-大针茅、糙隐子草型	90-冷蒿、冰草型
60-大针茅、杂类草型	91-冷蒿、杂类草型
61-大针茅、达乌里胡枝子型	92-具小叶锦鸡儿的冷蒿、西北针茅型
62-具小叶锦鸡儿的大针茅、冰草型	93-达乌里胡枝子、杂类草型
64-西北针茅、糙隐子草型	94-具柠条锦鸡儿的牛枝子型
65-西北针茅、冷蒿型	95-百里香、长芒草型
66-具小叶锦鸡儿的西北针茅型	96-百里香、糙隐子草型
67-长芒草、冰草型	97-百里香、杂类草型
68-长芒草、糙隐子草型	98-百里香、达乌里胡枝子型
69-长芒草、杂类草型	99-山竹岩黄芪、杂类草型
70-具锦鸡儿的长芒草型	100-芨芨草型
71-中亚白草型	101-大针茅型
72-冰草、糙隐子草型	102-西北针茅、羊茅型
73-冰草、杂类草型	103-西北针茅、早熟禾型
74-冰草、冷蒿型	104-西北针茅、青海苔草型
75-具小叶锦鸡儿的冰草、糙隐子草型	105-西北针茅、甘青针茅型
76-糙隐子草型	106-具灌木的西北针茅、杂类草型
77-糙隐子草、杂类草型	107-长芒草、杂类草型
78-糙隐子草、冷蒿型	109-具灌大的长芒草型
79-糙隐子草、达乌里胡枝子型	110-疏花针茅、冰草型
80-具锦鸡儿的糙隐子草型	112-白草型
81-落草、糙隐子草型	113-青海固沙草、西北针茅型
82-碱韭型	114-青海固沙草、杂类草型

（续表）

草地型	草地型
83-星毛委陵菜、长芒草型	115-具锦鸡儿的青海固沙草型
116-固沙草、百草型	145-毛莲蒿型
117-阿拉善鹅观草、冷蒿型	146-山蒿、杂类草型
118-藏布三芒草型	147-藏白蒿、白草型
119-天山针茅型	148-达乌里胡枝子、长芒草型
120-针茅型	149-灰枝紫菀、杂类草型
121-针茅、新疆亚菊型	150-中亚白草、杂类草型
122-具锦鸡儿的针茅、杂类草型	151-中亚白草、冷蒿型
123-具金丝桃叶绣线菊的针茅、杂类草型	152-具灌木的中亚白草、杂类草型
124-渐狭早熟禾型	153-具北沙柳的长芒草、杂类草型
125-中华隐子草、杂类草型	154-沙生冰草、糙隐子草型
126-中华隐子草、百里香型	155-具柠条锦鸡儿的冰草型
127-冰草、杂类草型	157-甘草、杂类草型
128-冰草、冷蒿型	158-具灌木的冷蒿型
129-具锦鸡儿的冰草型	159-具家榆的冷蒿型
130-草原苔草、杂类草型	160-褐沙蒿型
131-草原苔草、冷蒿型	161-具锦鸡儿的褐沙蒿型
132-具灌木的草原苔草型	162-具家榆的褐沙蒿型
133-蒙古蒿、甘青针茅型	163-差巴嘎蒿型
134-栉叶蒿型	164-差巴嘎蒿、冷蒿型
135-天山鸢尾、禾草型	165-具灌木的差巴嘎蒿型
136-华北米蒿、杂类草型	166-具家榆的差巴嘎蒿型
137-华北米蒿、冷蒿型	167-黑沙蒿、杂类草型
138-白莲蒿、长芒草型	168-达乌里胡枝子、禾草型
139-白莲蒿、冰草型	169-具灌木的达乌里胡枝子、沙生冰草型
140-白莲蒿、杂类草型	170-具家榆的达乌里胡枝子型
141-白莲蒿、冷蒿型	171-草麻黄、差巴嘎蒿型
142-白莲蒿、百里香型	172-草麻黄、糙隐子草型
143-白莲蒿、达乌里胡枝子型	173-草麻黄、小叶锦鸡儿型
144-具灌木的白莲蒿型	

附表3　温性荒漠草原类草地型列表

草地型	草地型
174-石生针茅、无芒隐子草型	206-沙生针茅、高山绢蒿型
175-石生针茅、冷蒿型	207-沙生针茅、短叶假木贼型
176-石生针茅、半灌木型	208-沙生针茅、合头藜型
177-具锦鸡儿的石生针茅型	209-沙生针茅、蒿叶猪毛菜型
178-短花针茅、五芒隐子草型	210-沙生针茅、灌木短舌菊型
179-短花针茅、冷蒿型	211-沙生针茅、红砂型
180-短花针茅、牛枝子型	212-具锦鸡儿的沙生针茅型
181-短花针茅、蓍状亚菊型	213-具灌木的沙生针茅型
182-短花针茅、刺叶柄棘豆型	214-戈壁针茅、松叶猪毛菜型
183-短花针茅、刺旋花型	215-戈壁针茅、蒙古扁桃型
184-具锦鸡儿的短花针茅型	216-戈壁针茅、灌木亚菊型
185-沙生针茅、糙隐子草型	217-短花针茅型
186-具锦鸡儿的沙生冰草型	218-短花针茅、博洛塔绢蒿型
187-无芒隐子草型	219-短花针茅、半灌木型
188-具锦鸡儿的无芒隐子草型	220-具锦鸡儿的短花针茅、杂类草型
189-碱韭、针茅型	221-昆仑针茅、高山绢蒿型
190-大苞鸢尾、杂类草型	222-新疆针茅、纤细绢蒿型
191-具锦鸡儿的冷蒿型	223-东方针茅、博洛塔绢蒿型
192-米蒿、短花针茅型	224-冰草、纤细绢蒿型
193-牛枝子、杂类草型	225-冰草、高山绢蒿型
194-具锦鸡儿的牛枝子型	226-羊茅、博洛塔绢蒿型
195-蓍状亚菊、短花针茅型	227-草原苔草、高山绢蒿型
196-具垫状锦鸡儿的蓍状亚菊型	228-沙鞭、杂类草型
197-束伞亚菊、长芒草型	229-蒙古冰草型
198-灌木亚菊、针茅型	230-甘草型
199-女蒿、石生针茅型	231-苦豆子、中亚百草型
200-刺叶柄棘豆、杂类草型	232-具锦鸡儿的杂类草型
201-阿拉善鹅观草、驼绒藜型	233-老鸦头型
202-镰状针茅、高山绢蒿型	234-黑沙蒿、沙鞭型
203-镰芒针茅、博洛塔绢蒿型	235-黑沙蒿、甘草型
204-具锦鸡儿的镰芒针茅型	236-黑沙蒿、中亚白草型
205-沙生针茅型	237-具锦鸡儿的黑沙蒿型

附表4　高寒草甸草原类草地型列表

草地型	草地型
238-寡穗茅、杂类草型	243-紫花针茅、蒿草型
239-丝颖针茅型	244-窄果苔草型
240-具灌木的丝颖针茅型	245-青藏苔草、蒿草型
241-具变色锦鸡儿的穗状寒生羊茅型	246-具香柏的臭蚤草型
242-微药羊茅型	

附表5　高寒草原类草地型列表

草地型	草地型
247-新疆银穗草型	263-羊茅状早熟禾、棘豆型
248-新疆银穗草、穗状寒生羊茅型	264-羊茅状早熟禾、四裂红景天型
249-固沙草型	265-草沙蚕型
250-紫花针茅型	266-劲直黄芪、紫花针茅型
251-紫花针茅、新疆银穗草型	267-青藏苔草、杂类草型
252-紫花针茅、固沙草型	278-藏龙蒿型
253-紫花针茅、黄芪型	268-具灌木的青藏苔草型
254-紫花针茅、青藏苔草型	269-木根香青、杂类草型
255-紫花针茅、杂类草型	270-高原委陵菜型
256-具锦鸡儿的紫花针茅型	271-冻原白蒿型
257-羽柱针茅型	272-川藏蒿型
258-座花针茅型	273-藏沙蒿型
259-昆仑针茅型	274-藏沙蒿、紫花针茅型
260-寒生羊茅型	275-藏白蒿型
261-穗状寒生羊茅型	276-日喀则蒿型
262-昆仑早熟禾、粗毛点地梅型	277-灰苞蒿型

附表6 高寒荒漠草原类草地型列表

草地型	草地型
279-镰芒针茅型	283-沙生针茅、固沙草型
280-紫花针茅、垫状驼绒藜型	284-沙生针茅、藏沙蒿型
281-具变色锦鸡儿的紫花针茅型	285-青藏苔草、垫状驼绒藜型
282-座花针茅、高山绢蒿型	

附表7 温性草原化荒漠类草地型列表

草地型	草地型
286-白茎绢蒿、沙生针茅型	301-红砂、禾草型
287-博洛塔绢蒿、针茅型	302-红砂、碱韭型
288-新疆绢蒿、沙生针茅型	303-驼绒藜、沙生针茅型
289-纤细绢蒿、沙生针茅型	304-驼绒藜、女蒿型
290-合头藜、禾草型	305-松叶猪毛菜、禾草型
291-喀什菊型	306-盐爪爪、禾草型
292-珍珠猪毛菜、禾草型	307-圆叶盐爪爪、沙生针茅型
293-珍珠猪毛菜、杂类草型	308-垫状锦鸡儿、针茅型
294-蒿叶猪毛菜、沙生针茅型	309-垫状锦鸡儿、冷蒿型
295-天山猪毛菜、沙生针茅型	310-柠条锦鸡儿、沙生针茅型
296-短叶假木贼、针茅型	311-锦鸡儿、石生针茅型
297-高枝假木贼、中亚细柄茅型	312-柠条锦鸡儿、黑沙蒿型
298-小蓬、沙生针茅型	314-半日花、戈壁针茅型
299-灌木紫苑木、沙生针茅型	315-沙冬青、短花针茅型
300-刺旋花、沙生针茅型	

附表8　温性荒漠类草地型列表

草地型	草地型
316–叉毛蓬型	347–细枝盐爪爪型
317–白茎绢蒿型	348–黄毛头盐爪爪型
318–博洛塔绢蒿型	349–四合木型
319–新疆绢蒿型	350–绵刺型
320–伊犁绢蒿型	351–霸王型
321–蒿型	352–泡泡刺型
322–准噶尔沙蒿型	353–白刺型
323–木地肤、角果藜型	354–小果白刺型
324–天山猪毛菜型	355–柽柳型
325–蒿叶猪毛菜、红砂型	356–裸果木、短叶假木贼型
326–东方猪毛菜型	357–裸果麻黄、半灌木型
327–珍珠猪毛菜型	358–垫状锦鸡儿、红砂型
328–合头藜型	359–沙冬青、红砂型
329–盐生假木贼型	360–梭梭、半灌木型
330–短叶假木贼型	361–大赖草、沙漠绢蒿型
331–粗糙假木贼型	362–蒿、白茎绢蒿型
332–无叶假木贼、圆叶盐爪爪型	363–白沙蒿型
333–戈壁藜型	364–旱蒿、驼绒藜型
334–小蓬型	365–驼绒藜型
335–木碱蓬型	366–沙拐枣型
336–五柱红砂型	367–白梭梭、沙拐枣型
337–蒙古短舌菊型	368–梭梭型
338–星毛短舌菊型	369–梭梭、白刺型
339–鹰爪柴型	370–梭梭、沙漠绢蒿型
340–刺旋花、绵刺型	371–盐节木型
341–松叶猪毛菜型	372–囊果碱蓬型
342–驼绒藜型	373–盐爪爪型
343–木本猪毛菜、驼绒藜型	374–盐穗木型
344–红砂型	375–多枝柽柳、盐穗木型
345–圆叶盐爪爪型	376–小果白刺、黑果枸杞型
346–尖叶盐爪爪型	

附表9　高寒荒漠类草地型列表

草地型	草地型
377-唐古特红景天、杂类草型	380-高山绢蒿、驼绒藜型
378-高原芥型	381-亚菊型
379-高山绢蒿、垫状驼绒藜型	382-垫状驼绒藜型

附表10　暖性草丛类草地型列表

草地型	草地型
383-大油芒型	396-穗序野古草型
384-芒型	397-中亚白草、杂类草型
385-芒、野青茅型	398-画眉草、白草型
386-白羊草型	399-知风草、西南委陵菜型
387-白羊草、黄背草型	400-白茅、白羊草型
388-白羊草、苋草型	401-白茅、黄背草型
389-白羊草、隐子草型	402-野青茅型
390-黄背草型	403-结缕草型
391-黄背草、白羊草型	404-披针叶苔草、杂类草型
392-黄背草、野古草型	405-苔草、杂类草型
393-黄背草、苋草型	406-白莲蒿、白羊草型
394-白健杆型	407-细裂叶莲蒿、桔草型
395-野古草型	

附表11 暖性灌草丛类草地型列表

草地型	草地型
408–具灌木的大油芒型	435–具乔木的野青茅型
409–具灌木的荻型	436–具白刺花的小菅草
410–具栎的荻型	437–具灌木的桔草型
411–具栎的芒型	438–具虎榛子的拂子茅型
412–具灌木的芒型	439–具灌木的白茅、杂类草型
413–具乔木的芒、野青茅型	440–具灌木的湖北三毛草型
414–具胡枝子的白羊草型	441–具乔木的知风草型
415–具酸枣的白羊草型	442–具栎的旱茅型
416–具沙棘的白羊草型	443–具荆条的隐子草型
417–具荆条的白羊草型	444–具乔木的隐子草型
418–具灌木的白羊草型	445–具乔木的结缕草型
419–具乔木的白羊草型	446–具灌木的苔草型
420–具酸枣的黄背草型	447–具灌木的羊胡子草型
421–具荆条的黄背草型	448–具胡枝子的披针叶苔草型
422–具灌木的黄背草型	449–具柞栎的披针叶苔草型
423–具柞栎的黄背草型	450–具乔木的披针叶苔草型
424–具乔木的黄背草型	451–具胡枝子的杂类草型
425–具胡枝子的野古草型	452–具沙棘的杂类草型
426–具灌木的野古草型	453–具灌木的委陵菜、杂类草型
427–具乔木的野古草型	454–具青冈栎的西南委陵菜型
428–具灌木的茋草型	455–具灌木的蒿型
429–具乔木的茋草型	456–具灌木的白莲蒿型
430–具云南松的穗序野草型	457–具酸枣的达乌里胡枝子型
431–具灌木的须芒草型	458–具灌木的百里香型
432–具灌木的白健杆、金茅型	459–具乔木的百里香型
433–具云南松的白健杆型	
434–具灌木的野青茅型	

附表12　热性草丛类草地型列表

草地型	草地型
460-五节芒型	490-黄背草、白茅型
461-五节芒、白茅型	491-黄背草、扭黄茅型
462-五节芒、野古草型	492-黄背草、禾草型
463-五节芒、细毛鸭嘴草型	493-细毛鸭嘴草型
464-芒型	494-细毛鸭嘴草、野古草型
465-芒、白茅型	495-细毛鸭嘴草、画眉草型
466-芒、金茅型	496-细毛鸭嘴草、鹧鸪草型
467-芒、野古草型	497-矛叶荩草型
468-类芦型	498-细柄草型
469-苞子草型	499-拟金茅型
470-日茅型	500-旱茅型
471-白茅、芒型	501-画眉草型
472-白茅、金茅型	502-红裂稃草型
473-白茅、细柄草型	503-硬杆子草型
474-白茅、野古草型	504-刚莠竹型
475-白茅、细毛鸭嘴草型	505-桔草型
476-白茅、黄背草型	506-臭根子草型
477-扭黄茅型	507-光高粱、白茅型
478-扭黄茅、白茅型	508-雀稗型
479-扭黄茅、金茅型	509-地毯草型
480-金茅型	510-竹节草型
481-金矛、日矛型	511-蜈蚣草型
482-金茅、野古草型	512-马陆草型
483-四脉金茅型	513-假俭草型
484-青香茅、白茅型	514-芒萁、芒型
485-野古草型	515-芒萁、白茅型
486-野古草、芒型	516-芒萁、细柄草型
487-密序野古草型	517-芒萁、鸭嘴草型
488-刺芒野古草型	518-紫茎泽兰、野古草型
489-黄背草型	

附表13　热性灌草丛类草地型列表

草地型	草地型
519–具榿亩的五节芒型	547–具三叶赤楠的刺芒野古草型
520–具灌木的五节芒型	548–具灌木的细毛鸭嘴草型
521–具杜鹃的五节芒、细毛鸭嘴草型	549–具乔木的细毛鸭嘴草型
522–具乔木的五节芒型	550–具云南松的细柄草型
523–具竹类的芒型	551–具仙人掌的扭黄芪型
524–具胡枝子的芒型	552–具小鞍叶羊蹄甲的扭黄茅型
525–具檵木的芒型	553–具栎的扭黄茅、杂类草型
526–具檵木的芒、野古草型	554–具灌木的扭黄茅型
527–具灌木的芒型	555–具乔木的扭黄茅型
528–具马尾松的芒型	556–具檵木的黄背草型
529–具青刚栎的芒、金茅型	557–具灌木的黄背草型
530–具灌木的类芦型	558–具马尾松的黄背草型
531–具青刚栎的白茅、芒型	559–具灌木的桔草型
532–具乔木的白茅、芒型	560–具火棘的金茅、白茅型
533–具竹类的白茅型	561–具灌木的金茅型
534–具胡枝子的白茅、野古草型	562–具乔木的金茅型
535–具马桑的白茅型	563–具乔木的四脉金茅型
536–具檵木的白茅、黄背草型	564–具灌木的青香茅型
537–具火棘的白茅、扭黄茅型	565–具马尾松的青香茅型
538–具桃金娘的白茅、细毛鸭嘴草型	566–具胡枝子的矛叶荩草型
539–具灌木的白茅型	567–具乔木的矛叶荩草型
540–具灌木的白茅、细柄草型	568–具灌木的臭根子草型
541–具灌木的白茅、青香茅型	569–具云南松的棕茅型
542–具灌木的白茅、细毛鸭嘴草型	570–具灌木的马陆草型
543–具大叶胡枝子的野古草型	571–具乔木的蜈蚣草型
544–具桃金娘的野古草型	572–具灌木的芒萁、黄背草型
545–具灌木的野古草型	573–具马尾松的芒萁、野古草型
546–具乔木的野古草型	574–具灌木的飞机草、白茅型

附表14　温性稀树草原类草地型列表

草地型	草地型
63-具西伯利亚杏的大针茅、糙隐子草型	156-具家榆的冰草型
108-具砂生槐的长芒草型	313-蒙古扁桃、戈壁针茅型
111-具砂生槐的白草型	

附表15　干热稀树草原类草地型列表

草地型	草地型
575-具云南松的扭黄茅型	578-具厚皮树的华三芒、扭黄茅型
576-具木棉的扭黄茅、华三芒型	579-具余甘子的扭黄茅型
577-具木棉的水蔗草、扭黄茅型	580-具坡柳的扭黄茅、双花草型

附表16　低地草甸类草地型列表

草地型	草地型
581-芦苇型	611-赖草型
582-荻、芦苇型	612-多枝赖草型
583-大叶章型	613-赖草、马蔺型
584-大油芒、杂类草型	614-赖草、碱茅型
585-野古草、杂类草型	615-碱茅、杂类草型
586-羊草、芦苇型	616-星星草、杂类草型
587-赖草、杂类草型	617-短芒大麦草型
588-巨序剪股颖、杂类草型	618-獐毛型
589-拂子茅型	619-狗牙根型
590-假苇拂子茅型	620-胀果甘草型
591-牛鞭草型	621-具多枝柽柳的胀果甘草型
592-扁穗牛鞭草、狗牙根型	622-具胡杨的苦豆子型
593-布顿大麦、巨序剪股颖型	623-马蔺型

（续表）

草地型	草地型
594-白茅、狗牙根型	624-花花柴型
595-箬草、稗型	625-具多枝柽柳的花花柴型
596-散穗早熟禾型	626-具灰杨的花花柴型
597-具垂枝桦的禾草型	627-大花白麻、芦苇型
598-狗牙根型	628-具多枝柽柳的大花白麻型
599-狗牙根、假俭草型	629-碱蓬、杂类草型
600-结缕草型	630-具红砂的碱蓬型
601-寸苔草、杂类草型	631-疏叶骆驼刺型
602-苔草、杂类草型	632-具多枝柽柳的疏叶骆驼刺型
603-具柳灌丛的地榆型	633-具胡杨的疏叶骆驼刺型
604-鹅绒委陵菜、杂类草型	634-芦苇型
605-芦苇型	635-铺地黍、狗牙根型
606-具多枝柽柳的芦苇型	636-獐毛、杂类草型
607-具胡杨的芦苇型	637-结缕草、白茅型
608-芨芨草型	638-盐地鼠尾粟型
609-具盐豆木的芨芨草型	639-莎草、杂类草型
610-具白刺的芨芨草型	640-盐地碱蓬、结缕草属
641-芦苇型	651-苔草、蔗草型
642-小叶章型	652-具柳灌丛的苔草、杂类草型
643-小叶章、芦苇型	653-瘤囊苔草型
644-小叶章、苔草型	654-乌拉苔草型
645-具沼柳的小叶章型	655-具笃斯越桔的乌拉苔草型
646-具柴桦的小叶章型	656-具柴桦的乌拉苔草型
647-大叶章、杂类草型	657-阿穆尔莎草型
648-狭叶甜茅、小叶章型	658-华扁穗草型
649-灰化苔草、芦苇型	659-芒尖苔草、鹅绒委陵菜型
650-灰脉苔草、杂类草型	

附表17 山地草甸类草地型列表

草地型	草地型
660-荻型	690-紫花鸢尾型
661-具乔木的大油芒型	691-弯叶鸢尾型
662-具灌木的野古草、拂子茅型	692-大叶橐吾、细叶早熟禾型
663-穗序野古草、杂类草型	693-白喉乌头、高山地榆型
664-拂子茅、杂类草型	694-西南委陵菜、杂类草型
665-野青茅、蓝花棘豆型	695-委陵菜、杂类草型
666-无芒雀麦型	696-垂穗鹅观草型
667-鸭茅、杂类草型	697-垂穗披碱草型
668-披碱草型	698-具灌木的垂穗披碱草型
669-黑穗画眉草、林芝苔草型	699-野青茅、异针茅型
670-羊茅、杂类草型	700-糙野青茅型
671-草地早熟禾型	701-具灌木的糙野青茅型
672-细叶早熟禾型	702-具冷杉的糙野青茅型
673-早熟禾、杂类草型	703-细株短柄草、杂类草型
674-红三叶、杂类草型	704-短柄草型
675-白三叶、山野豌豆型	705-具灌木的短柄草型
676-无脉苔草、西藏早熟禾型	706-藏异燕麦型
677-亚柄苔草型	707-羊茅型
678-白克苔草、杂类草型	709-具杜鹃的羊茅型
679-苔草、杂类草型	710-三界羊茅、白克苔草型
680-具灌木的苔草型	711-紫羊茅、杂类草型
681-紫苞风毛菊、杂类草型	712-丝颖针茅、杂类草型
682-蒙古蒿、杂类草型	713-草地早熟禾型
683-地榆、杂类草型	714-具灌木的疏花早熟禾型
684-草原老鹳草、禾草型	715-具箭竹的早熟禾型
685-山地糙苏型	716-狼草、圆穗蓼型
686-草原糙苏型	717-具灌木的扁芒草、圆穗蓼型
687-多穗蓼、二裂委陵菜型	718-白三叶、杂类草型
688-具灌木的长梗蓼、尼泊尔蓼型	719-四川蒿草型
689-叉分蓼、荻型	720大花蒿草、丝颖针茅型

（续表）

草地型	草地型
721-具灌木的高山蒿草型	728-具乔木的青藏苔草型
722-具灌木的线叶蒿草型	729-草血竭、羊茅型
723-具乔木的矮生蒿草型	730-旋叶香青、圆穗蓼型
724-具乔木的北方蒿草型	732-阿尔泰羽衣草型
725-红棕苔草型	733-西伯利亚羽衣草型
726-黑褐苔草、西伯利亚羽衣草型	734-西南委陵菜型
727-苔草、杂类草型	735-珠芽蓼型

附表18　高寒草甸类草地型列表

草地型	草地型
737-高山早熟禾、杂类草型	768-黑花苔草、蒿草型
738-高山黄花茅、杂类草型	769-具圆叶桦的黑花苔草型
739-川滇剪股颖型	770-黑穗苔草、高山蒿草型
740-具灌木的羊茅型	771-糙喙苔草、线叶蒿草型
741-黄花棘豆、杂类草型	772-白尖苔草、高山早熟禾
742-高山蒿草型	773-细果苔草、穗状寒生羊茅型
743-高山蒿草、异针茅型	774-具阿拉套柳的细果苔草型
744-高山蒿草、矮生蒿草型	775-毛囊苔草、青藏苔草型
745-高山蒿草、苔草型	776-葱岭苔草、高原委陵菜型
746-高山蒿草、圆穗蓼型	777-苔草型
747-高山蒿草、杂类草型	778-苔草、珠芽蓼型
748-具灌木的高山蒿草型	779-圆穗蓼型
749-矮生蒿草型	780-圆穗蓼、蒿草型
750-矮生蒿草、圆穗蓼型	781-圆穗蓼、杂类草型
751-矮生蒿草、杂类草型	782-珠芽蓼、窄果蒿草型
752-具金露梅的矮生蒿草型	783-珠芽蓼、圆穗蓼型
753-具灌木的矮生蒿草型	784-具高山柳的珠芽蓼型
754-线叶蒿草型	785-具金露梅的珠芽蓼型
755-线叶蒿草、高山早熟禾型	786-高山风毛菊、高山蒿草型

（续表）

草地型	草地型
756-线叶蒿草、珠芽蓼型	787-马蹄黄、蒿草、杂类草型
757-线叶蒿草、杂类草型	788-芦苇型
758-蒿草、细果苔草型	789-具匍匐水柏枝的芦苇、赖草型
759-蒿草、珠芽蓼型	790-赖草型
760-窄果蒿草型	791-具金露梅的赖草型
761-禾叶蒿草型	792-毛秤偃麦草型
762-大花蒿草型	793-具秀丽水柏枝的大拂子茅型
763-具鬼箭锦鸡儿的蒿草型	794-裸花碱茅型
764-具高山柳的蒿草型	795-短芒大麦草型
765-黑褐苔草、杂类草型	796-三角草型
766-具金露梅的黑褐苔草型	797-粗壮蒿草型
767-具杜鹃的黑褐苔草型	798-藏北蒿草型
799-西藏蒿草型	805-双柱头藨草型
800-西藏蒿草、甘肃蒿草型	806-华扁穗草型
801-西藏蒿草、糙喙苔草型	807-华扁穗草、木里苔草型
802-西藏蒿草、杂类草型	808-短柱苔草型
803-甘肃蒿草型	809-异穗苔草、针蔺型
804-裸果扁穗苔草,甘肃蒿草型	810-走茎灯心草型

附表19 沼泽草地类草地型列表

草地型	草地型
811-芦苇型	818-柄囊苔草型
812-菰型	819-芒尖苔草
813-乌拉苔草、木里苔草型	820-荆三棱型
814-木里苔草型	821-蔗草型
815-毛果苔草、杂类草型	822-薄果草、田间鸭嘴草型
816-漂筏苔草型	823-香蒲、杂类草型
817-灰脉苔草型	824-水麦冬、发草型

附表20　常见草原毒害草名录

科 名	属 名	常见毒害草种类
豆科	棘豆属	小花棘豆（*Oxytropis glabra* Lan.DC）
		甘肃棘豆（*Oxytropis kansuenis* Bunge）
		黄花棘豆（*Oxytropis ochrocephala* Bunge）
		冰川棘豆（*Oxytropis proboscidea* Bunge）
		毛瓣棘豆（*Oxytropis sericopetala* Prain & C.E.C. Fisch）
		镰形棘豆（*Oxytropis falcata* Pall.DC）
		急弯棘豆（*Oxytropis defexa* Jurtzev）
		宽苞棘豆（*Oxytropis latibracteata*）
		硬毛棘豆（*Oxytropis hirta*）
	黄芪属	茎直黄芪（*Astragalus strictus*）
		变异黄芪（*Astragalus variabilis*）
		哈密黄芪（*Astragalus hamiensis*）
		丛生黄芪（*Astragalus strictus*）
		多枝黄芪（*Astragalus polycladus*）
		坚硬黄芪（*Astragalus rigidulus*）
	槐属	苦豆子（*Sophora alopecuroides*）
	苦马豆属	苦马豆（*Sphaerophysa salsula*）
	野决明属	披针叶黄华（*Thermopsis lanceolata*）
		高山黄华（*Thermopsis alpina*）
	沙冬青属	沙冬青（*Ammopiptanthus mongolicus*）
	锦鸡儿属	锦鸡儿（*Caragna fruten*）
	骆驼刺属	骆驼刺（*Alhagi sparsifolia*）
菊科	泽兰属	紫茎泽兰（*Eupatorrium adenophorum*）
	橐吾属	黄帚橐吾（*Ligularia vrigaurea*）
		纳里橐吾（*Ligularia narynensis*）
		大叶橐吾（*Ligularia macrophylla*）
		箭叶橐吾（*Ligularia sagitta*）
		藏橐吾（*Ligularia rumicifolia*）
	狗舌草属	狗舌草（*Tephroseris kirilowii*）
	香青属	乳白香青（*Anaphalis lacteal*）
	豚草属	豚草（*Ambrosia artemisiifolia*）
	紫菀属	高山紫菀（*Aster alpinus*）
	鬼针草属	鬼针草（*Bidens pilosa*）

（续表）

科 名	属 名	常见毒害草种类
菊科	飞廉属	飞廉（*Carduus nutans*）
	蓟属	大蓟（*Cirsium japonicum*）
		刺儿菜（*Cirsium setosum*）
	一枝黄花属	一枝黄花（*Solidago decurrens*）
	苍耳属	苍耳（*Xanthium sibiricum*）
	鹤虱属	鹤虱（*Lappula myosotis*）
禾本科	芨芨草属	醉马芨芨草（*Achnatherum inebrians*）
		羽茅（*Achnatherum sibiricum*）
	黑麦草属	毒麦（*Lolium temulentam*）
	蜀黍属	假高粱（*Sorghum halepense*）
	米草属	互花米草（*Spartina alterniflora*）
瑞香科	狼毒属	瑞香狼毒（*Stellera chmaejasme*）
	假狼毒属	阿尔泰假狼毒（*Stelleropsis altaica*）
		天山假狼毒（*Stelleropsis tianschanica*）
毛茛科	乌头属	白喉乌头（*Aconitum leucostomum*）
		准噶尔乌头（*Aconitum soongaricum*）
		铁棒锤（*Aconitum pendulum*）
		露蕊乌头（*Aconitum gymnanodrum*）
		工布乌头（*Aconitum kongboense*）
	翠雀属	翠雀（*Delphinium grandiflorum*）
	唐松草属	高山唐松草（*Thalictrum alpinum*）
		唐松草（*Thalictrum aquilegifolium*）
玄参科	马先蒿属	碎米蕨叶马先蒿（*Pedicularis cheilanthifolia*）
		中国马先蒿（*Pedicularis chinensis*）
		甘肃马先蒿（*Pedicularis kansuensis*）
		斑唇马先蒿（*Pedicularis longiflora*）
		马先蒿（*Pedicularis reaupinanta*）
		拟鼻花马先蒿（*Pedicularis rhinanthoides*）
		轮叶马先蒿（*Pedicularis verticillata*）
大戟科	大戟属	乳浆大戟（*Euphorbia esula*）
		狼毒大戟（*Euphorbia fischeriana*）
		泽漆（*Euphorbia helioscopia*）
藜科	假木贼属	无叶假木贼（*Anabasis aphylla*）
	藜属	藜芦（*Chenopodium album*）

科　名	属　名	常见毒害草种类
	虫实属	蒙古虫实(*Corispermum mongolicum*)
藜科	盐角草属	盐角草(*Salicornia europaea*)
	盐生草属	盐生草(*Halogeton glomeratus*)
麻黄科	麻黄属	木贼麻黄(*Ephedra equisetina*)
		中麻黄(*Ephedra intermedin*)
		草麻黄(*Ephedra sinica*)
		膜果麻黄(*Ephedra przewalskii*)
蓼科	酸模属	酸模(*Rumex acetosa*)
		阿穆尔酸模(*Rumex amuresis*)
		皱叶酸模(*Rumex crispus*)
唇形科	香薷属	密花香薷(*Elsholtzia densa*)
	紫苏属	白苏(*Perilla fridescens*)
荨麻科	荨麻属	狭叶荨麻(*Urtica angustifolia*)
		麻叶荨麻(*Urtica cannabina*)
		荨麻(*Urtica fissa*)
蒺藜科	蒺藜属	蒺藜(*Tribulus terrestris*)
	骆驼蓬属	骆驼蓬(*Peganum harmala*)
		骆驼蒿(*Peganum nigellastrum*)
	白刺属	白刺(*Nitraria tangutorum*)
百合科	萱草属	黄花菜(*Hemerocallis citrina*)
		北萱草(*Hemerocallis esculenta*)
		萱草(*Hemerocallis fulva*)
		北黄花菜(*Hemerocallis lilioasphodelus*)
		小黄花菜(*Hemerocallis minor*)
	藜芦属	藜芦(*Veratrum nigrum*)
萝藦科	鹅绒藤属	牛心朴子(*Cynanchum komarovii*)
		地梢瓜(*nanchum thesioides*)
	萝藦属	萝藦(*Metaplexis japonica*)
	杠柳属	杠柳(*Periploca sepium*)
蔷薇科	桃属	蒙古扁桃(*Prunus mongolic*)
旋花科	旋花属	刺旋花(*Convolvulus tragacanthoides*)
	菟丝子属	中国菟丝子(*Cuscuta chinensis*)
伞形科	毒芹属	毒芹(*Cicuta virose*)
茄科	曼陀罗属	曼陀罗(*Datura stramonium*)
马鞭草科	马缨丹属	马缨丹(*Lantana camara*)

附表21 样地基本信息表

样地号						
	样地规格		半径(米)	调查日期	调查人员	
	样地区位	市(州、地区)	县(市、区)	乡(镇)	村	
	样地坐标E	样地坐标N	GNSS坐标X	GNSS坐标Y		
	资源类型	1.国土三调划定的草地 2.拟申请纳入草地 3.其他草资源			草原类	
	海拔	m	1.极高山 2.高山 3.中山 4.低山 5.丘陵 6.平原	地貌	草原型	
	土层厚度	cm	1.黏土 2.壤土 3.砂壤土 4.壤砂土 5.砂土	土壤质地	优势草种	
	坡度	°	1.脊 2.上 3.中 4.下 5.谷 6.平地	坡位	草原起源	
	坡向	1.东 2.南 3.西 4.北 5.东南 6.东北 7.西南 8.西北 9.无坡向			植被结构	
调查因子	利用方式	1.全年放牧 2.冷季放牧 3.暖季放牧 4.打(割)草 5.自然保护 6.景观绿化 7.科研实验 8.水源涵养 9.固土固沙 10.其他				
	利用强度	1.轻度利用 2.中度利用 3.强度利用 4.极度利用				
	地表特征	砾石覆盖面积比例	%	覆沙厚度	cm	盐碱斑面积比例 %
		地表侵蚀类型	1.水力侵蚀、2.重力侵蚀、3.冰融侵蚀、4.风力侵蚀、5.无侵蚀			
		地表侵蚀程度	1.轻度、2.中度、3.重度			
计算指标	植被盖度	%	单位面积鲜草产量	kg/hm²	可食牧草比例 %	优势可食草优势度
	草群平均高	cm	单位面积干草产量	kg/hm²	毒害草比例 %	优势毒害草优势度
	裸斑面积比例	%				
备注						

- 217 -

附表22 样线调查表

调查日期					调查人	
样地编号		样线方位角		°		
样线编号		终点经度坐标 E			GNSS 坐标 X	
样线长度	平距		m	终点纬度坐标 N	GNSS 坐标 Y	
	斜距		m			

	序号	植被覆盖(0/1)	连续裸斑(0/1)	序号	植被覆盖(0/1)	连续裸斑(0/1)
针刺记录	1			21		
	2			22		
	3			23		
	4			24		
	5			25		
	6			26		
	7			27		
	8			28		
	9			29		
	10			30		
	11			31		
	12			32		
	13			33		
	14			34		
	15			35		
	16			36		
	17			37		
	18			38		
	19			39		
	20			40		
植被盖度		%	裸斑比例		%	
说明	1.一条样线填写一张表;2.圆形样地的中心点为样线起点;3 条样线的方位角分别为0°、120°、240°;图斑样地中的样线方位角随图斑长边方向。样线需要复位,须准确测量;4.沿样线方向每隔1m位置用探针垂直向下刺,探针接触到植物时记数1,未接触时记为0,填写在植被覆盖栏中;如连续刺中裸露地面2次以上,且探点之间裸露地表连续时,记录1,反之为0,填写在连续裸斑栏中。					

附表23 草本、半灌木及矮小灌木草原样方调查表

调查日期				调查人				
样地编号			样方号			样方面积		m²
样方俯视照片编号								
地理坐标	东经E		°	北纬N		°	海拔	m
总盖度	观测样方	测产样方	草群平均高度	观测样方		测产样方		
	%	%			cm		cm	
植物种数	种	种	枯落物总量				g	

种类	植物名称		观测样方		测产样方		产草量(g/m²)	
	(列举主要植物名称)		盖度	高度	盖度	高度	鲜重	干重
优势可食								
优势毒害								
其他可食								
其他毒害								
合计								
其中	可食牧草比例及产量				%			
	毒害草比例及产量				%			

产草量折算		产草量(kg/hm²)	
		鲜重	干重
合计		/	
其中	可食牧草		
	毒害草		
备注			

说明：观测样方和对应的测产样方均填入本表中； 样方面积填写测产样方面积； 总盖度反映样方总体情况，不是各种类分盖度的简单累加，总盖度不能超过100%，分盖度累加之和可以>100%。

附表24　具有灌木及高大草本植物草原样方调查表

调查日期：　　　　　　调查人：　　　　　　样方面积　　　　m²

样地号		
样方号		
照片编号		
样方坐标	东经(E)　　°　　北纬(N)　　°　　海拔　　m	

高大草本及灌木调查	高大草本植物及灌木名称	大株丛(cm,g) 株丛数	大株丛 丛径	大株丛 单丛鲜重	大株丛 单丛干重	大株丛 高度	中株丛(cm,g) 株丛数	中株丛 丛径	中株丛 单丛鲜重	中株丛 单丛干重	中株丛 高度	小株丛(cm,g) 株丛数	小株丛 丛径	小株丛 单丛鲜重	小株丛 单丛干重	小株丛 高度	高大草本植物及灌木覆盖面积(m²)	生物量(g) 鲜重	生物量(g) 干重	灌丛高度(cm)

计算指标	灌木覆盖度(%)	总鲜重折算 (kg/hm²)	总干重折算 (kg/hm²)

附表25　人工草地样地调查

调查日期：				调查人员：		
样地编号				照片编号		
样地区位		省(自治区、直辖市)				市(州、区)
		县(时、区)		乡(镇)		村
地理坐标	东经(E)	°	北纬(N)	°	海拔	m
草种名称						
生活型		1.一二年生　2.多年生				
草种来源		1.国内　　2.国外				
灌溉条件		喷灌(1)　滴灌(2)　漫灌(3)　无(4)				
全年鲜草产量		kg/hm²				
全年干草产量		kg/hm²				
种植年份						

参考文献

[1] 陈佐忠.走进草原[M].北京:中国林业出版社.2008.

[2] 卢欣石等.草原知识读本[M].北京:中国林业出版社.2019.

[3] 任继周.草业科学概论[M].北京:科学出版社.2014.

[4] 任继周.任继周文集第八卷·草业科学研究方法[M].北京:中国农业出版社.2018.

[5] 张英俊.草地与牧场管理学[M].北京:中国农业大学出版社.2009.

[6] 许鹏.草地资源调查规划学[M].北京:中国农业出版社.2000.

[7] 陈宝书.牧草饲料作物栽培学[M].北京:中国农业出版社.2001.

[8] 德英等.中国草地主要禾本科饲用植物图鉴[M].北京:中国农业科学技术出版社.2020.

[9] 董世魁.退化草原生态修复主要技术模式[M].北京:中国林业出版社.2022.

[10] 董世魁.草原与草地的概念辨析及规范使用刍议[J].生态学杂志,2022,41(05):992—1000.

[11] 赵安.重新定义中国《草原法》中的"草原"[J].草业学报,2021,30(02):190—198.

[12] 董世魁,唐芳林,平晓燕等.生态文明建设背景下中国草原多维分类方法探讨[J].草地学报,2023,31(01):1—8.

[13]《2022年全国森林、草原、湿地调查监测技术规程》.

[14]《2022年全国森林、草原、湿地调查监测技术规程—附录》.

[15]《2022年全国林草湿调查监测操作手册(试行)》.

[16] GB 19377—2003《天然草地退化、沙化、盐渍化的分级指标》.

[17] GB_T 29391—2012《岩溶地区草地石漠化遥感监测技术规程》.

[18]《草原健康和退化评估技术指南(定稿)》(2023.02.)

[19] 董世魁,张宇豪,王冠聪.草地健康与退化评价:概念、原理及方法[J].草业科学,2023,40(12):2971—2981.

[20] 李霞,潘冬荣,孙斌等.甘肃省草地退化概况分析——基于甘肃省第一、二次草原普查数据[J].草业科学,2022,39(03):485—494.

[21] NY/T 1237—2006.《草原围栏建设技术规程》

[22] 郑翠玲,曹子龙,王贤等.围栏封育在呼伦贝尔沙化草地植被恢复中的作用[J]. 中国水土保持科学,2005,3(3):78—81.

[23] 闫虎,沈浩.围栏封育在伊犁昭苏盆地退化草地生态恢复中的应用[J].干旱环境监测,2005,(02):102—103+110.

[24] 李红艳.封育措施对毛乌素沙地西南缘地上植被和土壤种子库的影响[D].河北农业大学,2005.

[25] 单贵莲,徐柱,宁发等.围封年限对典型草原群落结构及物种多样性的影响[J].草业学报,2008,17(06):1—8.

[26] 单贵莲,徐柱,宁发等.围封年限对典型草原植被与土壤特征的影响[J].草业学报,2009,18(02):3—10.

[27] 李瑶,周国英,杨路存等.围栏封育对青海湖流域主要植物群落多样性与稳定性的影响[J].水土保持研究,2013,20(04):135—140.

[28] 张树萌. 宁南山区不同封育年限草地有机碳及其周转更新特征[D]. 杨凌:西北农林科技大学,2019.

[29] 黎松松,王宏洋,林华等.围栏封育对喀尔里克高寒草甸优势种数量特征和物种多样性的影响[J].草食家畜,2023,(03):26—30.DOI:10.16863/j.cnki.1003—6377.2023.03.005.

[30] 秦瑞敏,程思佳,马丽等.围封和施肥对高寒草甸群落特征和植被碳氮库的影响[J/OL].草业学报,1—11[2024—01—24].

[31] 樊丹丹,孔维栋.围栏对青藏高原不同类型草地土壤原核微生物多样性的影响[J/OL].生态学报,2024,(02):1—11.

[32] 万秀莲,张卫国.划破草皮对高寒草甸植物多样性和生产力的影响[J].西北植物学报,2006,(02):377—383

[33] 冯忠心,周娟娟,王欣荣等.补播和划破草皮对退化亚高山草甸植被恢复的影响[J].草业科学,2013,30(09):1313—1319.

[34] 李小龙,曹文侠,徐长林等.划破草皮对不同地形高寒草甸草原植被特征的影响[J].草地学报,2016,24(02):309—316.

[35] 柴锦隆,徐长林,鱼小军等.不同改良措施对退化高寒草甸土壤种子库的影响[J].草原与草坪,2016,36(04):34—40.

[36] 李琪琪,黄小娟,李岚等.黄土高原典型草原群落结构和土壤水分对划破的响应[J].生态学报,2023,43(15):6131—6142.

[37] 聂素梅.在半干旱地区利用浅耕翻方法改良草原[J].中国草原,1986,(04):27—29+81.

[38] 聂素梅,王育青,杨志伟.浅耕翻改良退化草场的技术[J].中国草地,1991,(04):31—34.

[39] 张洪生,韩建国,石永红.围封、浅耕翻改良对退化羊草草甸草地土壤种子库的影响[J].草业与畜牧,2009,(03):6—9.

[40] 张洪生,韩建国,石永红.围封、浅耕翻处理对退化天然羊草草甸草地土壤物理性状的影响[J].草业与畜牧,2009,(01):8—10+18.

[41] 张洪生,邵新庆,刘贵河等.围封、浅耕翻改良技术对退化羊草草地植被恢复的影响[J].草地学报,2010,18(03):339—344+351.

[42] 高天明,张瑞强,刘铁军等.阴山北麓浅耕翻季节对草地植被和土壤的影响[J].草业科学,2012,29(05):676—680.

[43] 郭美琪,刘琳,荆晶莹等.基于植物—土壤反馈原理的退化草原免耕补播修复物种选择研究[J].草业学报,2023,32(12):14—23.

[44] 赵明清,陈一昊,任宪涛.退化羊草草场松耙施肥补播效果研究[J].现代农业科技,2013,(02):273+276.

[45] NY/T 1342—2007《人工草地建设技术规程》.

[46] 姬万忠,王庆华.补播对天祝高寒退化草地植被和土壤理化性质的影响[J].草业科学,2016,33(05):886—890.

[47] 时龙,郭艳菊,于双等.不同补播模式对荒漠草原土壤团聚体稳定性的影响[J].中国草地学报,2019,41(03):83—89.

[48] 郭艳菊,马晓静,于双等.补播对退化荒漠草原土壤有机碳及其分布的影响[J].草地学报,2019,27(02):315—319.

[49] 杨增增.改良措施对退化高寒草甸植被与土壤的影响[D].青海大学,2020.DOI:10.27740/d.

[50] .刘国富,孙雪,肖知新等.补播和施肥对退化草甸土壤化学性质及酶活性的影响[J].中国草地学报,2022,44(11):66—75.

[51] 刘玉玲,王德平,张泓博等.补播时间和补播草种对退化草甸草原植物群落的影响[J].草地学报,2022,30(11):3098—3105.

[52] 王博,蔺雄奎,冯占荣等.补播乡土牧草对荒漠草地土壤持水性及植被生物量的影响[J].草业科学,2023,40(09):2247—2256.

[53] 鸿绂曾.苜蓿科学[M].北京:中国农业出版社.2009.

[54] 刘连贵等.苜蓿青贮高效生产利用技术[M].北京:中国农业科学技术出版社.2018.

[55] 徐丽君等.内蒙古苜蓿研究[M].北京:中国农业科学技术出版社.2018.

[56] 薛永伟.施肥对藏北退化草地植被特征和土壤的影响[D].西藏大学,2011.

[57] 郭永盛.施氮肥对新疆荒漠草原生物多样性的影响[D].石河子大学,2011.

[58] 塔娜.微生物肥料和打孔对天然打草场牧草生长和土壤特性的影响[D].内蒙古大学,2016.

[59] 彭凯悦,马向丽,李永进等.火烧和施肥对亚高山草甸植物多样性及生物量的影响[J].云南农业大学学报(自然科学),2020,35(01):94—101.

[60] 郭克贞,刘印.内蒙古草原灌溉效益分析研究[J].内蒙古水利,2000,(01):24—25.

[61] 马玉寿,李世雄,王彦龙等.返青期休牧对退化高寒草甸植被的影响[J].草地学报,2017,25(02):290—295.

[62] 周选博,王晓丽,马玉寿等.返青期休牧措施下高寒草甸主要植物种群的生态位变化特征[J].生态环境学报,2022,31(08):1547—1555.DOI:10.16258/j.

[63] 许庆杰,崔志刚,苏龙高娃.春季休牧对锡林郭勒盟草原状况变化的研究[C]//河北省环境科学学会.华北五省市(区)环境科学学会第二十三届学术年会论文集.锡林郭勒盟草原工作站;,2023:4.DOI:10.26914/c.

[64] 郑文贤,李世雄,赵文等.高寒草地土壤真菌群落结构对春季休牧的响应[J/OL].生态学杂志,1—11[2024—03—01].

[65] 宿婷婷.季节性轮牧对荒漠草原植物功能性状和多样性的影响[D].宁夏大学,2020.DOI:10.27257/d.

[66] 刘进娣,马红彬,周瑶等.轮牧时间对荒漠草原土壤种子库特性的影响[J].应用生态学报,2021,32(07):2378—2388.DOI:10.13287/j.1001—9332.202107.022.

[67] 周瑶.季节性放牧对荒漠草原植物功能性状和功能多样性的影响[D].宁夏大学,2021.DOI:10.27257/d.

[68] 程燕明,马红彬,马菁等.不同放牧方式对荒漠草原土壤碳氮储量及固持的影响[J].草业学报,2022,31(10):18—27.

[69] 许中旗,李文华,许晴等.禁牧对锡林郭勒典型草原物种多样性的影响[J].生态学杂志,2008,(08):1307—1312.

[70] 许晴,王英舜,许中旗等.不同禁牧时间对典型草原净初级生产力的影响[J].中国草地学报,2011,33(06):30—34.

[71] 许晴,许中旗,王英舜.禁牧对典型草原生态系统服务功能影响的价值评价[J].草业科学,2012,29(03):364—369

[72] 张伟娜,干珠扎布,李亚伟等.禁牧休牧对藏北高寒草甸物种多样性和生物量的影响[J].中国农业科技导报,2013,15(03):143—149.

[73] 纪磊,干友民,刘忠义等.禁牧对阿坝县退化草地植被恢复的效用[J].中国草地学报,2013,35(05):108—112.

[74] 张伟娜.不同年限禁牧对藏北高寒草甸植被及土壤特征的影响[D].中国农业科学院,2015.

[75] 白文丽,胡发成,赵雅丽等.祁连山东端北麓天然草原禁牧与轮牧效益调查分析[J].畜牧兽医杂志,2022,41(05):170—173.

[76] 宋成刚,张铭洋,何琦等.禁牧封育对祁连山南麓高寒草甸植被群落结构及土壤水分特征的影响[J].中国草地学报,2023,45(04):22—32.

[77] NY/T 1176—2006.《休牧和禁牧技术规程》.

[78] NY/T 1343—2007.《草原划区轮牧技术规程》.

[79] 闫晓红,伊风艳,邢旗等.中国退化草地修复技术研究进展[J].安徽农业科学,2020,48(07):30—34.

[80] 潘庆民,杨元合,黄建辉.中国退化草原恢复的限制因子及需要解决的基础科学问题[J].中国科学基金,2023,37(04):571—579.

[81] 强国民,王春豪.草原生态治理的多重逻辑分析[J].云南行政学院学报,2022,24(04):32—45.

[82] 崔国文.对目前黑龙江省草业发展问题的思考[J].黑龙江畜牧兽医,2006,(07):1—4.